U0305463

# 宝宝的语言

## 孩子会说话前是如何表达自己的

[英] 戴维·路易斯 著

王晓军 译

新经典文化股份有限公司
www.readinglife.com
出　品

# 目 录

## 第三章 宝宝咿呀儿语的意义



## 第四章 揭开微笑的面纱

## 第五章　领袖的语言



## 第六章　暴躁不安的语言



## 第七章　手势和目光的含义

**附录　宝宝无声密语一二三**

# 前　言

## 为什么我会写这本书

1969 年，我在北爱尔兰做摄影记者，后来被称为“北爱问题”的骚乱运动那时刚开始。那年 9 月，我的一项任务是记录北爱尔兰首府贝尔法斯特市不断升级的暴力事件对儿童的影响，所以在托儿所、幼儿园花了许多时间来观察、记录孩子之间的互动。一直到 1971 年最后一次去，我注意到他们的互动发生了变化：有的孩子变得更加胆小内向，而有的变得更加烦躁易怒。那会儿，我不过是服务于伦敦舰队街上一家图片社的摄影师，还没有研究心理学，虽然对此很好奇，但也看不出什么名堂。到 1976 年，我退出摄影这行，开始钻研心理学时，我决定对 7 年之前贝尔法斯特市弗斯路和尚基尔路上看到的那些孩子的行为进行深入研究。

我对学说话之前孩子们如何交流的兴趣，来自于法国东部贝桑松大学休伯特 · 蒙塔尼尔（Hubert Montagner）教授的开拓性研究，他对儿童进行隐蔽拍摄很多年，以此来解读他们的各种表情和动作。他和那些在野外考察的自然学家一样，把相机藏在一个隐蔽的地方，用 16 毫米的胶片拍了数千米的素材。对我而言，这个办法有两方面行不通。对于给BBC和独立电视台拍过新闻素材的我来说，技术不是问题。而对于自掏腰包来做研究的我来说，这种办法的成本有些高，过不了多久，我会连胶片和冲印材料都买不起。另一个挑战是，摄影记者出身的我习惯变换拍摄角度，近距离特写和远距离的场景我都需要。我也试过拍静态照片，但很快发现这个办法并不足以提供需要的信息。正好这个时候，索尼推出了首台面向普通消费者而不是电视台的便携式摄像机。放到几年前差不多得1万英镑，实在是价格不菲，但是考虑到要用许多年，用它反而比胶片冲印的成本低了许多。

现在随便哪款手机拍出来的效果都可以满足电视的播放要求，真是无法想象那样简陋的摄像机当年竟然是最顶尖的设备。那台摄像机有两个组件：一是只能拍出黑白图像的镜头，二是摄像师必须扛在肩上，重如一台小电视的录音盒，两者用一根线连接起来。图像和声音同步记录在磁带上，每次拍摄大概不到10分钟。

镜头勉强够用，并不算快，光线不足时，即使能拍，图像质量也会相当低，但实际效果还是可以满足我的需求的。有一年的时间，我都带着这台摄影机去同一家幼儿园拍同一群孩子。这些视频记录不仅证实了蒙塔尼尔教授对法国孩子的研究，也让我对孩子们的无声世界有了新发现。

后来，我开始研究母子之间的互动，这些摄影技巧也发挥了新的作用，我安置了两台可以遥控的理光摄影机同步拍摄母亲和婴儿面部稍纵即逝的反应。

这本书距离第一次出版已经有几十年，现在，我的研究方向已经转到了0 ~ 5岁儿童的心智发育，心理学家和神经科专家普遍认为这5年对儿童的认知与情绪发展尤为重要。

尚不识字的孩子是右脑主导，只有在开始学习认字和写字之后，才开始逐渐转移到左脑主导。由于在成长过程中分类很快取代了感知，成为人们获取知识的主要来源，现代社会基本是一个左脑主导的世界，所以孩子在 5 岁前完成从右脑主导到左脑主导的转变，对于以后顺利融入社会相当重要。如果父母不会教育甚至故意虐待孩子，那么可能一些孩子长到十几岁左脑都不够发达，还主要用右脑思维。我见过这样一个不幸的孩子，姑且把她叫作吉妮，她被爸爸绑在儿童坐便椅上，一张嘴说话就会挨揍！这是我见过对孩子最糟糕恶劣的虐待和忽视，结果她的智力发展一直停留在右脑主导的水平，其中一个表现就是不太会说话。互动沟通需要我们既要说清楚，也要听明白，而这两种能力一般都由左脑的两个区域分别负责。

那是不是可以说，要尽快让儿童获得口头表达能力，就要让他们尽量减少使用肢体语言呢？

绝对不是。因为不用语言却交流顺畅的宝宝往往会习得相当丰富而关键的社交技能，比如如何结交新朋友，如何正确理解其他小伙伴的表情动作，等等。研究表明，女孩在这方面要比男孩突出，部分原因可能是她们更注意无声的信号。

即使长大成人，这种社交技能对我们生活的幸福程度仍具有极其重要的影响。作为社会性动物，我们时刻生活在人际关系中，与亲友、家人或职场同事相伴。对话中有 70% 左右的信息输出其实都是通过表情和动作辅助完成的。一旦表情或动作不到位，其所导致的话没说清楚和说错话都一样糟糕。

大部分父母无师自通就明白无声交流对于儿童的重要性，这也是这本书会持续再版并被读者认可的原因。初版后的30多年里，有成千上万世界各地的读者来信告诉我，这本书让他们更顺畅地引导孩子的情感交流，也让自己成为更负责、更好玩的家长。很多父母观察到，宝宝原来很小的时候就已经会向别人清晰地表达自己的需求。我在第二章会详细讲到，新生儿不是不会和父母“说话”，而是大部分时候父母没给他们“说话”的机会。

这本书会让你发现，婴儿的咿咿呀呀其实是一门自有章法的秘密语言，早在宝宝张嘴说话前，他们就已经畅通无阻地你来我往了。

# 致　谢

在本书的筹备过程中，我获得了众多朋友和几百个宝宝直接、间接的帮助。真正的作者是那些 5 岁以下的宝宝，而我只是记录了他们的肢体语言。所以，在这里要向这些孩子和家长，以及无数的托儿所、幼儿园、游乐场的园长、老师、保姆，致以崇高的敬意。

我尤其要感谢弟弟理查德和弟媳特丽莎，他们不仅生了 3 个可爱的研究对象——侄儿萨姆、基兰，还有侄女塔姆辛，还大方地让我把他们家改装成一个实验室加电视台演播室。我也要衷心地感谢简·巴洛和她的女儿乔西，小姑娘出生才一周就开始为我提供源源不断的研究素材。

我还想对简·布思·克利伯恩女士、她的助手们和所有的母亲们致谢，游戏小组提供了丰富的拍摄素材，她们同意我将素材中的一些图像用在本书中，不胜感激。

我更要诚挚地感谢贝桑松大学心理学实验室的休伯特·蒙塔尼尔教授，他很慷慨地将自己的研究材料开放给我使用，他是这个领域的先驱，在 5 岁以下儿童非口头交流方面的研究颠覆了人类的认知。

还要郑重感谢伦敦罗伯森中心的乔伊丝·罗伯森和她的丈夫詹姆斯，本书不仅从乔伊丝的意见中获益匪浅，也相当多地引用了她的论文《论母亲对早期幼儿成长的影响》（*Mothering As an Influence on Early Development*）。

汇通基金同意我引用他们在“第33届父母儿童互动研讨会”上汇集的案例，这些案例后来发表在荷兰《医学文摘》上，作者包括：伦敦儿童医院心理医学部的本托维姆医生，美国波士顿儿童医院医学中心的贝里·布雷泽尔顿博士，美国俄亥俄州凯斯西储大学的肯内尔博士。感谢他们的慷慨分享和建议。

本书也引用了宾夕法尼亚大学阿能伯格传播学院伯德惠斯戴尔教授的《身势学及其语境：肢体动作沟通论文集》（*Kinesics and Context: Essays on Body-Motion*），在此一并向他及出版方致谢。

还要感谢贾罗斯拉夫·科克医生及《儿童全面发育》（*Total Baby Development Communication*）一书的出版方，感谢他们允许我引用书中的部分内容。

感谢温迪·吉布斯及其家人、马丁太太及其家人允许我在书中使用家庭照片。其他的图片为我拍摄，线条画是约翰·亚当斯的作品。最后，我要感谢科林·塞耶斯的技术建议和支持，以及简·马西录入手稿。

# 第一章　一言不发的宝宝暗号

两个小男孩在公园的沙坑里安安静静地玩，他们的妈妈坐在不远处的长椅上，一边看着孩子们一边聊天。过了 20 多分钟，我听到其中一位妈妈对朋友说："真可惜，艾伦和约翰还不会说话，不然，他俩在一块儿可有的聊！"

朋友同意地点点头，随即笑着说："咱们总不能指望才两岁的孩子聊得热火朝天吧。"

事实绝非如此。孩子们凑在一起，绝对会"聊"得不亦乐乎。事实上，这两个妈妈虽然在旁边悉心看护，却毫不知晓孩子们一直都在你来我往、热热闹闹地交流着。

惊讶吗？没必要。虽然艾伦和约翰一刻不停地交流了 20 多分钟，可谁都没说过一个字。这两个孩子并不是天赋异禀，这种无障碍的交流也并非异乎寻常。虽然宝宝们的咿咿呀呀难辨词句，可一旦凑在一起，所有宝宝都会"对话"。

许多较为敏锐的爸爸妈妈早就观察到，儿童在学会说话之前，已经能够用一种秘密的无声语言进行交流。欧洲和美国一些近期的研究也证实了这一点。

而学术界的专业研究人员对这种语言知之甚少，很多人更是闻所未闻，所以，我将其称为“秘密”语言。孩子们每天都在用这门语言互相沟通、表达自我，身边的爸爸妈妈却置若罔闻。

学会这门语言将让你受惠无穷。一旦你明白无声密语的原理，孩子的世界在你眼中会彻底不同，以前你不以为意的那些孩童间的嬉戏打闹，忽然都有了全新的含义。某些行为举止你原来认为莫名其妙，现在终于明白是有板有眼的自我表达和沟通，而孩子们也是社交技巧娴熟的人。一位3岁女孩的母亲在了解无声密语后醍醐灌顶:“我就像失明了许多年，忽然能看清楚了！”

本书的目的正是要教会对儿童世界有兴趣的大家如何来“看清楚”。

通过这本书，你将学会去观察、理解，乃至使用孩子的秘密语言——这个全世界最不为人知，也最常被误解的沟通体系。

## 无声之词，沉默之句

宝宝之间的对话用“只见不闻”来描述相当贴切。要了解这门丰富的语言，更多需要通过眼睛，而不是耳朵。大量的肢体动作发出无声的信号，这些信号再排列组合成短语和短句，传递准确的意思，不再需要对应的有声言语。一套流畅的动作就是一段精彩的对话。

宝宝们无须动嘴就能完成大量的表述，但他们的嘴部肌肉在这门无声语言中并不是无所事事。相反，和大人一样，宝宝沟通时要使出浑身的力气，脸部肌肉的作用不容小觑。接下来，我们通过几个例子，来大概了解脸部肌肉及其他肌肉群在无声密语中的种种功能。

嘴角向上扬，就形成了各式各样的笑容，表达着狂喜或忧虑等不同情绪，传递着期待、祝福、致谢或取悦等含义。而嘴角向下撇，表达的是悲伤、失望、不满等其他的负面情绪。紧抿嘴唇是生气，嘴巴张开露出牙齿是想吓唬对方。脸部肌肉紧绷，嘴巴大张，代表疲倦；但如果脸部肌肉放松，那就是玩兴正高、心无旁骛。眉头皱起是困惑不解，眉头舒展说明毫无兴趣。双眉快速微微挑起表示问候，而慢慢用力抬起表明摸不着头脑。挑衅时的眼睛炯炯有神，紧张不安的眼神会忽闪不定。头略微侧倾时，是孩子在伸出友谊之手，但他表示拒绝时，就会扭头不理。

继续顺着身体向下看，举起胳膊是向大人求助，十指紧握说明有点害怕，双手下垂表示累了，两臂快速挥舞是因为沮丧或愤怒，也可能是因为激动。身体前倾是想凌驾于对方之上，而端正笔直是表示犹疑不决。面对攻击时，孩子的身体会紧绷挺直得像棵树，但在嬉闹玩耍时就放松得像个不倒翁。宝宝掌握的秘密语言中，不同含义的身体姿势林林总总，此处不再一一列举。

说到词句，重音不同、词序不同，整个句子的意思就不同。肢体语言也是一样的，每个动作的顺序都要准确，就像芭蕾舞一样编排精密，才能精准表达意思。做得到位，所有的信号组合到一起，就是一套完整的沟通表达体系，可以媲美任何愉悦和流畅的有声语言。

诚然，蹒跚学步的宝宝无法用肢体语言来讨论昨晚的电视剧剧情、抱怨天气，或者传点邻居的闲话，不过，也只有大人才觉得这些事情能聊得起来吧。

总之，宝宝所有的社交需求都可以完全无声地完成。

无须发声，他们就可以结交朋友、做游戏，甚至在需要的时候说服其他宝宝一起组成团队。在幼儿园，强势的孩子成为小伙伴的头领，接受别人的讨好，都不需要张嘴说话。无须发声，他们就形成了所谓的

“啄序”[1]，也即强弱高低的次序，并且自动遵照。他们用各种无声的信号来传递愤怒、难受、沮丧和烦躁等情绪，也用这些信号来表达喜爱、关怀、反对甚至不满。貌似唯一行不通的是，宝宝用这门语言和大人沟通的时候。面对大人，信号很可能传不过去，无法完成沟通，大人们或者会错了意，或者完全不懂。

这门无声密语的奇怪之处就在于，虽然在宝宝们之间，这些信号就像大白话一样易懂，但它们却往往让大人们摸不着头脑。

## 我们错得一塌糊涂

你有在国外餐厅结账时发生误会的经历吗？一句当地话也不会说，对账单有疑问也有口难言。试想一下，宝宝的信号被冷落或者被误会时，就是这么无助。我们总觉得外国人听不懂我们的话是因为他们不够聪明或者不够努力。同样，宝宝们会认为大人们要不特别笨，要不就是故意刁难不配合。

宝宝发出的信号，对于任何两岁的孩子都显而易见，可是一到大人这里，他们就视而不见或者感觉莫名其妙了。

宝宝发出信号说“我们做朋友吧……我想玩游戏……我累了……我来帮你”，大人要么没有反应，要么反应差之千里。想交朋友的宝宝没人理，急死了；想做游戏的宝宝被叫作捣蛋鬼，冤死了；累坏的宝宝反而要使劲儿玩，困得不行；助人为乐的宝宝却被当成绊脚石，真够倒霉。当然，不是每次都会这样，但是，每一次发生类似的情况，宝宝都觉得大人的世界太奇怪也太无情。

---

① Pecking order，啄食顺序的简称，指群居的动物通过争斗来获取较高的地位。

大人不懂宝宝的肢体信号会给蹒跚学步的宝宝带来其他麻烦。他们看着孩子做游戏，却丝毫不了解内情，可能得出错误的结论。我见过有些父母把两个爱动的宝宝之间友好的玩耍互动误会成相互攻击，同样，也有父母把明目张胆的威胁性动作误作亲昵的举动而大加赞许。这不是因为爸爸妈妈对宝宝的一举一动掉以轻心，事实上，他们看得津津有味，只是因为没有掌握这门密语的要点，所以无法准确地解读所见所闻而已。

这种误会带来的危险后果，就是给宝宝贴标签，错误地把宝宝归类为调皮捣蛋或者孤僻不合群的孩子，而实际情况或许恰好相反。这种误解一旦形成，会影响大人对孩子的反应，时间一长，孩子真的可能会向大人期望的方向表现。被误认为充满攻击性的孩子会开始欺负其他小朋友，被误认为胆小的孩子也真的越来越不合群。看看大一点儿的孩子，就可以大概猜出，他们的凶恶、孤僻或许正源自幼儿时期曾经遭遇的类似误解。

大人对儿童肢体语言的不了解还会带来另一个问题，他们会在不自觉的情况下，给孩子传递错误的信息。这种漫不经心的错误导致的后果，会比成人之间因为说错话产生的误解还要严重。比如，你对朋友说：你真是当官享福的命啊。你以为这是句溢美之辞，等觉得受到讥讽的朋友无情地指出你的错误后，你至少可以为此道个歉。可是，如果这种误会是因为肢体语言产生的，孩子很可能并不明白你的初衷。举个例子，大人发出信号“咱们来玩吧……”，小朋友兴高采烈做好玩的准备，结果大人却因为太忙或太累，粗暴地拒绝孩子。无辜的孩子当然会困惑、受伤，这时大人又会认为孩子在耍小脾气，生起气来，根本不明白其实错的是自己。

更让孩子焦虑和迷惑的是，大人的言语和动作传递的信号自相矛盾的时候。比如，训斥孩子的爸爸妈妈很可能嘴上很严厉，肢体动作却很慈爱。

妈妈生气地说："你太淘气了！"但她的身体动作却温柔安抚。另一方面，大人也会不知不觉地温和地说着话，却做着强硬的动作。

有时，爸爸对孩子说"我爱你"，希望孩子明白自己的关心，却不知道他的动作在孩子看来是一种可怕的威胁。

对孩子来说，这就好比大人递给他一块儿糖果，同时又在他屁股上拍两巴掌。无论大人通过言语还是动作传达愤怒，自相矛盾的信号只能让宝宝们愈发惶恐。几次之后，不知所措的孩子会变得更加暴躁或者胆小。这种情况其实相当普遍，可很多父母根本没有意识到。

我把观察到的 3 个案例分享一下，大家就会明白我们对孩子的认识偏差是多么巨大。

### "我是大王！"——"他欺负人！"

两岁的尼基和 3 岁的杰米在幼儿园里玩积木，4 岁的安东尼走了过来。过了 5 分钟，他基本主导了游戏，所有的积木都堆在他周围，他在忙着给自己的玩具车盖车库，另外两个孩子在一旁看着，不时递给他一块儿积木，不时跟着他一块儿一块儿搭上去。尼基的妈妈看在眼里，摇摇头说："他真是个典型的小霸王，把其他孩子指挥得团团转，总是拿走人家的玩具。"

这样说不但冤枉了安东尼，也说明妈妈丝毫没有看懂宝宝之间的肢体交流。安东尼没有欺负其他孩子，而是完全通过游说，获得其他孩子的同意才拿到积木的。他的肢体语言告诉尼基和杰米："如果和我一起玩，你们会玩得更开心。我知道怎么用积木搭东西，你们帮我搭。如果你们不想让我玩，我就走了。”

安东尼的办法很自然，他毫不费力就加入进去，其他人没有一点儿抗议、哭闹，或者找旁边的大人去告状。他走过去时发出的信号就已经在安抚对方，然后他在积木旁边蹲下来，继续缓解对方可能剩下的一点儿焦虑，他很明确自己没有丝毫的威胁之意，不会因为自己身高体壮就去抢玩具。尼基和杰米看出安东尼的本意，所以也一直很轻松地配合着。对于他们来说，安东尼是来带领大家玩的，但在尼基的妈妈眼里，安东尼就变成了小暴君。

在第五章，我会介绍那些表达强势的肢体语言，告诉家人如何区分孩子中的领袖和小霸王。

## “我多乖啊。”——“她真不听话！”

凯伦才 16 个月大，就已经相当大胆地到处探索了。估计妈妈已经被她的几次惊人之旅吓出不少白头发。第一次跟着妈妈去公园玩，凯伦就等不及地四处考察了解环境，妈妈坐在不远处的长椅上不眨眼地望着她。旁边二三十米处有一个很浅的小水坑，旁边没有人。不一会儿，凯伦就好奇地向水坑摇摇摆摆地走过去，但马上就被妈妈叫了回来。凯伦在妈妈身边玩了一阵子，忽然离开长椅，向着和水坑成直角的方向走，走到离开妈妈大约六七米的地方，她停下来转身望着水坑，还用手指向那边。妈妈赶忙站起来，走过去拉住她，带着责备的口吻说：“不行，凯伦！我说过不让你去那边的，真不听话。”

但很可能的是，虽然凯伦的视线和手指向那边，她却压根儿没有想去水坑那里。她的动作其实更可能的意思是：“我会回去，你不用过来。”虽然妈妈的误解并不让人惊讶，可是对孩子来讲，平白无故挨顿训，受了委屈还吓一大跳，很可能她以后真的就不听话了——横竖要挨骂，不如给个被罚的理由。孩子肯定会觉得大人们蛮不讲理、不可理喻。在第七章，我会详细讲解宝宝和大人沟通的不同方法，以及他们会用到的不同信号。

## “我想要你！”——“离我远点！”

菲利普的妈妈身材高大、待人友善，但是3岁的菲利普却瘦瘦小小、不太友好，即使在幼儿园也基本不愿意和其他小朋友做游戏，大部分时候都自己待在角落里玩那些没人要的玩具。如果偶尔有其他孩子过来拿走一件玩具，菲利普也毫不反抗。按照“啄序”理论，菲利普绝对是个坐冷板凳、毫不起眼的孩子。

其他爸爸妈妈很奇怪：“为什么菲利普的妈妈那么外向，爱交朋友，孩子却不爱和人交往？”如果对宝宝的密语稍加了解，或许这些大人能猜到一点原因。

菲利普的妈妈下午来幼儿园接孩子的时候，好像总是心不在焉。这不能完全怪她，毕竟她下班还要赶回家去给一家人做饭。其他的爸爸妈妈会张开臂膀把孩子迎进怀里，也会聊聊天，菲利普的妈妈却总是不打招呼就把他一把拽出教室。孩子显然很希望和妈妈多点肢体接触。但每天孩子和妈妈见面时，疲惫不堪的妈妈发出的肢体信号却相当冷漠。尽管她的一两句问候温柔体贴，无声的肢体信号却充满敌意，菲利普接收到的都是排斥和厌恶的信息，感受到的都是自己的妈妈其实并不想见到他。当然，他的妈妈丝毫没有察觉，所以当我指出她的肢体语言后，她大吃一惊。

这是不是说孩子持续的焦虑和孤僻完全归咎于爸爸妈妈言语和肢体

信号的自相矛盾？这样说未免过于武断，可是妈妈对自己的肢体语言毫不察觉，影响到小菲利普不大合群却是毫无疑义的。后来，我教她如何让自己的肢体语言变得更加温暖，更加友好，晚上回到家也要给孩子更多关照。此后，菲利普的表现有了180度的大转变，他变得果敢、自信、合群起来。

精通肢体语言和掌握社交能力显然有关，这不算什么新发现。无论是结交朋友、坚持己见，还是表达自我需求，所有的社交行为都是后天习得的反应。任何学习，首先需要有沟通技能。所以，孩子们4岁以后开始主要依靠有声语言来沟通和表达自我时，幼儿时期肢体语言丰富流畅的孩子往往更自信，也更善言辞。他们和其他孩子的相处更容易，也更自然，会习得更复杂的社交规则，这会让他们在成为儿童、青少年甚至成年以后更占先机。而学会说话之前不太擅长肢体语言或者表述不清的儿童，在以后的生活中也往往更难和他人建立良好的关系。

这一因果关系不见得绝对，但最后的结果差不多。目前的发现能够清楚地表明，我们对宝宝肢体语言的不以为意是多么不明智。

读到这里，你可能会有点困惑：如果真的那么重要，这怎么变成了一门秘密的语言？

这个大问题里面还包含了关于宝宝肢体沟通方面的3个基本问题。

首先，为什么科学界没有关注过这个话题？几百年来，医学界、心理学界和教育学界都围绕儿童展开了严肃的研究。图书馆的书架上充斥着有关儿童成长发育方方面面的著作。最近一份国际书单中列出的育儿文献有两千多部，从研究婴儿眼睛的反应到早期哺育机制等不一而足。这还不算完，印刷厂的速度远远赶不上研究和出版的速度。科学家的兴趣也有大有小，大到研究缺乏母爱对于婴儿智力发育的影响，小到研究两周大宝宝吮吸手指的行为。然而，即使在如此广泛的兴趣里，非语言沟通领域的工作只是近期才获得一些科学家的注意。

而父母们虽然从早到晚都在宝宝身边，却对他们的举止视而不见，这同样值得思考。宝宝们与生俱来并广泛采用的沟通体系就摆在爸爸妈妈面前，他们却好像闻所未闻、见所未见，这到底是怎么回事？最后的问题是：作为成人的我们也曾经娴熟地使用过这门语言，怎么长大后就忘到脑后了？

## 蜜蜂、小鸟和肢体语言

千百年以来，人类对甜食的热爱都由蜂蜜来满足，养蜂也必然是历史最悠久的一项农业活动，估计人类甚至在学会给自己盖房子之后不久就开始盖蜂箱了。在那么久的时间里，世世代代的蜂农与蜂共舞，观察研究它们的习性，肯定不少人都注意到归巢的蜜蜂会在蜂巢上来段奇怪的“舞蹈”，它们往往摆腹晃肚，舞步有时候像是阿拉伯数字 8 的形状，有时候是两个心形的形状。有些蜂农或许觉得这些舞步挺奇怪，但貌似从来没人想过这些舞步会不会有什么含义。就像宝宝的密语一样，没有人在意过这些舞步可能的规则和意义。直到 20 世纪后半叶，德国自然学家卡尔·冯·弗里希（Karl Von Frisch）注意到这些奇怪的“舞步”貌似杂乱无章，实则自有深意。他深入观察和实验后发现，归巢的工蜂舞步的形状和最佳采蜜地点的距离及方位息息相关。

这么多年来，蜜蜂一直在跳舞却没人理睬，“舞步”一被解密，其他自然学家估计肠子都要悔青了。肢体语言也一样，一旦意识到这种非口语沟通体系的存在，你会对所有人的一举一动刮目相看，之前毫不起眼的举手投足，突然之间都富含深意。只要注意到了肢体语言，大家都会很快掌握如何去解读。举个例子，我参加过的一场会议给与会者发了一些关于非言语沟通的论文，会议的主要发言人之一德国马克斯-普朗克研究所的人类学教授艾伯-艾比斯菲德（Eibl-Eibesfeldt）在会上给大家解释了一种最普遍的肢体语言——以“快速抬眉”的方式来打招呼，无论你来自欧洲、巴厘岛、巴布亚新几内亚还是美洲的印第安人部落。我们看到熟人过来的时候，会快速轻轻抬眉致意，前后不过0.2秒的工夫。在艾伯教授指出来之前，大家都没有注意到自己也一直在这样彼此问候。等教授一说完，一切都变了。剑桥大学的罗伯特·欣德也在会场，他说：“忽然之间，开会的人都醍醐灌顶——原来之前一天之内会下意识做无数遍的动作是有意义的。大家抬头见面再这样打招呼都稍显尴尬，因为这个动作貌似突然变得太漫不经心了。”

人类对肢体语言的研究现在称作“身势学”，其实最开始就是对昆虫、鸟类、家畜、非洲狮等野生动物这些不同物种的观察，我们想要了解它们如何通过非言语的方式沟通。自然学家们注意到繁殖期鸟类的求偶舞蹈，以及大型猫科动物极具仪式感的嬉闹打斗，了解到了在野生自然环境里非言语沟通的重要交际功能。而这种观察分析用到人类行为的专业研究领域里晚了许多。这一领域的第一部著作是在1872年出版的《人与动物的情绪表达》（*Expressions of the Emotions in Man and Animals*），在这本书里，查尔斯·达尔文详细描述和分析了许多今天被称为“肢体语言”的无声信号。但是，学术界在这一领域真正开始钻研，又是近100年的事了。很快，专家们就发现我们之前对于无声语言的认知少得可怕。现在，我们明白表情和肢体动作对有效沟通的贡献一点儿不亚于话语本身，一位科研人员甚至得出结论：“我们用声带说话，但用全身交谈。”

他们很快发现，研究成年人的肢体语言很容易产生不错的科研成果，而对幼儿肢体语言的科研兴趣就没有那么高了。大部分成年人认为，宝宝们的交际杂乱无章、意义不大，他们觉得，宝宝会做的动作不见得比会说的话多多少。许多科研人员甚至认为，两个再爱说的宝宝一晚上互相能说的话也不够写满一张小邮票。

直到后来借助慢动作拍摄技术和摄像机镜头，科学家们才意识到自己对儿童世界的认知多么浅薄和错误。不会说话的宝宝并不缺乏语言，他们能够沟通，而且一直在沟通，并不是外界以为的那么不喜交际。一些心理学家借用了观鸟的技巧，在幼儿园里搭起隐蔽的伪装棚子，藏在里面观察这些年幼的研究对象。其他科研人员在实验室里安装了双面镜、宝宝椅和软质玩具，然后躲在镜子后面观察记录这些小朋友的互动。

拍摄只不过是第一步，逐帧分析这些影像才是最艰难的过程，花 20 多个小时来研究不过两分钟的片子，这种情况很常见。所幸，辛苦总有回报。虽然人类对于幼儿无声的语言仍然知之甚少，但还是取得了一些重要发现，也为未来更多的研究带来了新的启示。

宝宝貌似随意奇怪的动作，在经过分析后发现，其实节奏明显、目的明确。宝宝们不仅清楚彼此的存在，而且能沟通，和大人你一句我一句的对话几乎没什么两样。和讲礼貌的成人的对话很像，宝宝之间的无声交流同样有头有尾有内容。他们不会同时抢着表达，而是会有秩序地发送再接收彼此的信号，发送者精心准备，接收者用心解读。科研人员观察到的信号越来越多，研究素材逐渐积攒起来。我们现在收集到了大量的儿童无声语言词语，总有一天，我们会记录、描述，并且明白所有的肢体语言词语。

几千年来，即使整天面对着野兽、小鸟、昆虫，自然学家和农夫们也未能对它们之间的交流进行科学性的系统观察和研究。科学家们没有意识到人类肢体语言的重要性，也是由于同样的原因。

不知道事物的存在，所以我们不会去想它们存在的可能性。我们从未知晓肢体语言的存在，每个人都看见了，每个人也都没看见。

## 视而不见，察而不觉

我和一些父母说，他们可能没有注意到宝宝的肢体语言，一位母亲很不以为然地抗议道："我把孩子看得可紧了，他的一举一动都看在眼里。"

我可以肯定她看得很紧，也一定看到了"一举一动"，但是，她真的错了。有些父母很清楚，自己的孩子并非某些"专家"眼里不爱交际、不善沟通、一切都以自我为中心的小东西，他们明白宝宝的沟通能力和需求。但除非学过如何寻找这些信号，否则他们无从辨识。充满爱意的大人和孩子之间有多重障碍，这些障碍像高墙一样让大人们无法正确看待宝宝间的沟通，也无法看见正在发生的无声语言。

一般来说，大人看着孩子也许有很多理由，但肯定不是去寻找并解读肢体语言。大多数时候，他们是害怕孩子不小心受伤，或者调皮捣蛋惹人嫌，或者好奇淘气搞破坏，或者大闹天宫搞得一地鸡毛。他们看到的是自己的宝宝好帅气，和自己完全是一个模子里刻出来的，感觉到的是满满的自豪。他们欣赏的往往是一些特殊的时刻，宝宝第一次喂鸭子，第一次切生日蛋糕……这些细节他们会永远牢记、不断回味。这些理由无可厚非，值得父母目不转睛地看着宝宝，但是并没有让他们学会关注宝宝的肢体语言。要注意到这些细微的动作，你必须立场客观地寻找正确的信号，我会在下一章详细介绍。否则，就像鸟类学家把所有的注意力都集中在某只鸟儿羽毛的颜色上，或者自然学家唯一的兴趣是某只幼狮的生死安危，这无法让我们对无声语言发生的形式、时间、地点和动机有更多了解。

同时，大人对孩子的行为举止过于熟悉，反而成了另一种障碍，让他们无法看到更多。不管是老师还是园长，任何在宝宝身边的人每天都会看到至少十几遍孩子大部分的肢体信号。任何事情一旦见得太多，反而会熟视无睹。一个外地人往往比本地人对当地的观察更敏锐，其实就是这个道理。心理学家把这类反应称作“心理定势”，有个小实验可以说明——请读出这个短语“巴黎天春”。

看见这几个字了吧？如果你顺利读出而且丝毫不觉得别扭的话，请把这个短语再读一遍。现在你大概明白有心理定势作怪，“眼见”不见得“为实”是怎么回事了。

除非你知道有这么一门密语存在，否则即使一切就在眼前发生，也肯定注意不到。你还记得那些世世代代的蜂农吧，小蜜蜂在蜂巢前嗡嗡嗡地交流了几千年，他们还是没有发现那些舞步的奥秘！

## 无声语言的败北

许多父母问我：“我们自己也用过这种语言啊，怎么长大就忘掉了？”这门语言真不是忘掉的，丢掉的东西总是可以找回来，也不会这么费劲。

假设我们长到 5 岁左右说话比较利落的时候，大脑里主管无声语言的那个部位发生神经性变化，自动退位消失了。毕竟每个人的大脑都是独特的生物体系，表现各不相同。我们可以进一步继续假设不同的人患上健忘症的概率各不相同。如果有人还能记得一点点无声语言，哪怕只有一丁点儿，他们在看到宝宝们的互动之后应该会逐渐记起更多吧。他们可以从自己最喜欢的肢体动作开始，逐渐想起曾经存在的沟通体系。这样，用不了多久，这门失去的语言就会被唤醒了。

可是，这种情况永远不会发生，因为我们无法记起那段曾经必须依赖动作来完成沟通的时期，但那时的动作却从未忘记，每天仍在使用。这些动作信号在我们的潜意识深处隐藏起来，把它们赶走的是一个人为制造但极其高效的表达和社交系统——各国的语言。一旦言语沟通掌控我们的分析判断程序，用声音填满我们的记忆库，就再也赶不走了。不管我们多么努力地回想那个曾经无语的静默时代，那些回忆却必须用词汇来搭建，这本身就已经表明无声的语言完全败北了。放空大脑什么都不想很难做到，而要让大脑不用语言而用动作去想问题更难。如果你不信，现在就可以试试。

习得语言是人类面临的最大挑战之一。研究表明，人类对于有声言语的节奏特别敏感，我会在第三章中详细介绍。我们掌握大量的词语、复杂的句式结构和语法，在很大程度上也貌似是一种与生俱来的能力。使用语言的人类和其他灵长类动物的区别，是一定的大脑潜力，而不是发声器官。黑猩猩的声带和喉咙肌肉足够发达，完全满足发出人类语音的需求，但是老师再努力也没能教会它们说人类语言。的确有一个特别执着的实验室费了九牛二虎之力，教会一只黑猩猩说了几个字。可是，6 岁的孩子已经会说将近 2000 个字词，这只同岁的黑猩猩只学会了 7 个。

半岁大的宝宝就已经开始咿咿呀呀地模仿大人的声音。这时的宝宝能够发出的声音很有限，这种情况还会持续四五个月，但此时，宝宝的非言语沟通技能已经基本掌握。在刚出生的几周之内，宝宝就开始发出一些以社会交往为目的的信号，尤其是微笑。如果爸爸妈妈给予配合，给宝宝练习的机会，在很短的时间内，宝宝对这门秘密语言的掌握就会突飞猛进。

一岁的宝宝可以说出许多声母韵母，也会使用一些词语，但还远远不能用有声语言来完成有效的沟通。与此同时，宝宝的肢体语言已经完美，他们会发出无声的信号和其他的小朋友聊天，而且乐在其中。

一岁半到两岁时，大部分的宝宝已经基本掌握了有声语言，完全可以理解及使用一些词句，虽然大部分是只有父母和其他宝宝能明白的自言自语。但宝宝的肢体语言已经非常娴熟，他们开始把有声词汇和无声词汇结合起来，一边嘴上说着，一边还要配合动作。

两岁到三岁，宝宝的有声语言和无声语言的词汇量都会突飞猛进，也开始减少一些无意义的嘟囔。他们会说“妈妈，我要甜甜”，而不是“麻麻，提提”。有声语言逐渐熟练起来，同时无声的动作信号开始慢慢淡化或者使用更加频繁，至于哪些退化、哪些增强主要取决于周围人接收后的反馈。宝宝学到的词句和表达方式越来越丰富，他们会把脸部表情、肢体动作和有声表达融合到一起。和其他小朋友一起玩的时候，宝宝们常常会在脸部表情和肢体动作之外再加上一些有声词语，来保证自己的意思得到准确传达。

不过，在这种场合，这些词语的作用往往用来辅助和加强动作传递的信号。比如，宝宝想要其他孩子帮忙递一件玩具过来的时候，会首先使用一系列表示谦逊的肢体动作，再加一些手势和表情。如果这个组合达不到效果，宝宝会临时加一句“给我……”或者请求“我想要……”

宝宝在生气或者害怕的时候会出现明显带有攻击性的暴躁动作，同时快速地大声辅以“不……”“走开……”“停”这样的字眼。孩子和大人说话的时候同样会连说带比画，但主要原因往往是大人对他们的肢体动作不予理睬或者看不明白。有一次，我看着一群3岁的孩子玩耍，一个稍大点的男孩进来抢走了一件玩具，其中一个小男孩提心吊胆地先试着自己去把玩具要回来，人家没给，他就忐忑地走向旁边一个站着专心和别人聊天的大人。小男孩指着被抢走的玩具和大男孩，向大人发出相当明显的信号。过了至少30秒，大人都没有理睬他，孩子很沮丧地开始说话：“玩的……玩的给我。”即使这样都无济于事，因为这个大人没有看到过程，所以根本不明白是怎么回事。最后，小朋友很失落地哭着走开，和小伙伴去玩其他游戏了。

5岁的小朋友往往可以很流利地使用母语，他们会觉得这种和外界的沟通方法最为简便直接。不过，在接下来的一两年里，在和其他小朋友玩耍的时候，他们还是会灵活地继续使用无声的肢体语言。记得有一次，我5岁的侄子在和他两岁的妹妹玩过家家，小妹妹不知道说了些什么，大人们茫然无措，问小哥哥：“萨姆，她说什么？”萨姆不假思索地翻译了一遍，爸爸好奇地问：“你是怎么听懂的？”萨姆回答：“我也不知道，反正我听懂了。”而且他说的一点儿不错，几乎可以肯定，他明白的更多是小妹妹的肢体动作，而不是她含混不清的话。

从5岁起，孩子的肢体语言就基本和大人一样，或者用来辅助说话，或者用来表达词汇无法准确传达的感觉。痛失亲人和朋友的女人，她的痛苦往往不是说出来也不是哭出来的，而是姿势体态表现出来的——她的脸埋在双手间，身体轻微地前后摇摆，表达出无尽的悲伤。在西方，被激怒到极点的男人发现言语已经不足以表达愤怒和厌恶时，面部表情会瞬息万变，他的胳膊和手不知如何安放，手紧紧攥成拳头，表情凶狠，嘴唇紧抿，双眼圆睁。或许在其他文化中长大的人觉得这个姿势毫无意义或莫名其妙，但是对于欧美人来讲，这个信号强烈而明显，没有任何误会的可能。

有声语言一旦入侵，就赶不走了，我们的思维上了言语的轨道。言语对我们分析判断能力的深远影响，让哲学界争论不休，也让心理学界充满期待。如果我们真的都是困在语言牢笼里的囚犯，那么就如奥地利哲学家路德维希·维特根斯坦（Ludwig Wittgenstein）所说："语言的限制就是对我所在世界的限制。"还有人认为，语言对思维造成的障碍不见得那么绝对。这听上去也有一定的道理，不过这些与本书的关注领域关系不大，就不在此深究了。人类一旦开口说话，我们小时候唯一的沟通方法——无声的秘密语言就基本上灰飞烟灭了。这些信号仍然每天辅助有声的语言沟通，依然功不可没，只是我们不再把它们视作自成一体的沟通体系。成年后，我们是否依旧能像儿童那样，只用简单的动作来思考沟通呢？受过专门的培训以后，有人可以做到这一点，他们能给我们打开一扇童年的窗户，让我们再次用儿童的眼睛看世界，虽然这扇窗会旋即关闭。童年的纯真一去不返，无声语言的感受同样难以重现，只能偶尔短暂唤醒。肢体交流并未在无视中消失，也没有被遗忘，只是在语言面前败下阵去了。

# 第二章　习得人生第一门语言

这门秘密语言有成千上万不同的信号，几十种复杂的排列组合方式，让宝宝的交流相当顺畅流利。学会肢体语言远没有学习口头语言那么麻烦。不过，无论是学肢体语言还是口头语言，对于任何年龄段的人而言，既要学会一定量的词汇信号，还要明白如何正确地排列组合，都非易事。那么，宝宝是怎么学会而且熟练掌握的？

有些信号是从宝宝与生俱来的本能反应演变而来。最具有社交重要性的信号——微笑，就属于这种本能，我会在第四章好好讲讲微笑的故事。而诸如触碰、抚摸、抓握、吮吸、眼神交流等早期信号，最初是宝宝用来探索周围世界的方式。

宝宝一天天长大，也对这些信号做了微调，让它们变成了自己的词汇。比如，伸手去抓这个动作，是宝宝一开始用来获取有形物体的重要途径。抓这个动作会逐渐复杂起来，宝宝的速度和信心会有细微的不同，做动作之前和之后胳膊和手的位置也有区别，再配合宝宝的表情和姿势，就构成了许多含义不尽相同的信号。有时，宝宝会很坚定而礼貌地抓着他认为属于自己的宝贝，有时候也会贪心地去抢其他孩子的东西。

还有许多探索性动作不像本能反应那么根深蒂固，而是与大脑和神经系统的设计相关。毫无疑问，人类的生存选择是这些动作进化而来的先决要素，我们需要比其他动物对于某一类型的刺激源有更敏捷的视觉、听觉反应。比如，对于宝宝来说，身边运动的东西比静止的东西更容易让他敏捷地做出反应，意义也更大，因为运动的东西更可能威胁或者有助于他的生存。所以，从出生开始，人类就对运动的东西“另眼相看”，我们会更注意动态事物，这种偏好会伴随我们一生。在相对静止的背景下，任何移动的物体，无论大小，都会像磁石吸铁一样，瞬间引起我们的注意。宝宝天生偏好注视的并非只是移动的物体，他们对于人脸的敏感度更是进化到了最高级别。我会在第三章具体解释这种天生的偏好，这种高敏感度会让宝宝在最短的时间内明白，大部分人类肢体语言的信号都由人脸发出和接收。宝宝也很早就能发现眼睛的特殊魔力：正确的眼神交流会吸引并保持大人的注意，而大人正是他们的保护神。

不同的文化背景对宝宝的动作和反应方式也有巨大的影响。他们就像是一块儿可塑性非常强的橡皮泥，特定的社会常规可以通过以下两种方式轻易塑造他们的行为模式——教给宝宝可模仿的肢体语言信号，同时以奖励的方式来鼓励正确的动作。让宝宝的一些动作得到正面的鼓励，比如夸奖、做游戏、给予注意、微笑或爱抚。宝宝微笑的最初形态就是嘴唇的细微动作，但是大人积极的鼓励会让这个小动作迅速升级，让更多的脸部肌肉参与进来，动作更加频繁积极。另一方面，宝宝啃咬的动作大人一般不太能接受。很小的时候，宝宝就会把东西放到嘴巴里，以此来了解物体的形状、质地和味道，这是一个探索性的动作，后来演变成嬉戏或者进攻的小动作时，大人都会立刻制止。所以，到两岁时，这个动作基本会从宝宝的密语词典里消失。当然，直到 5 岁前，孩子们打架或者打闹得较为激烈时，这个动作还会突然出现，而且女孩子可能性更大一点儿。我会在第六章详细描述这种互动。

## 或大或小的动作信号

三四岁的孩子掌握的这门秘密语言有上百个动作，迄今为止，我们只捕捉分析了其中的一小部分。

有些信号转瞬即逝，如果没有慢动作拍摄辅助，几乎无法捕捉，它们被叫作“微动作”。相对的，“大动作”就非常显而易见。举例来说，孩子大笑、微笑、皱眉、大哭或者板着脸的时候，大部分成人都非常确定自己完全明白这些表情的意思。这种“大动作”传递的意思往往很准确，但如果只看重表面意思，还是会产生误解。

“微动作”虽然只有一眨眼的时间，但重要性不容轻视。就像说话的时候，一个细微的语调变化会影响整句的意思，一个微动作也会影响整体意思。比如，我说，“他是个好孩子”，重音在“好”字上，显然就是在陈述一个事实；但如果最后两个音上扬，就从陈述句就变成了质疑。在实际的对话中，我也会使用肢体动作来配合，比如带着微笑点头，或者挑着眉微微歪头。而且，即使我打电话时说同样的话，对方看不到这些小动作，也绝对不会误会我的意思，尽管语调的变化其实微乎其微。

现在，我给大家演示一下肢体语言里的这种细微变化对整体意思的巨大影响。请看下一页的两张照片，然后选取一张你自己比较喜欢的。

很有可能，你选的是右边那张，虽然看不出什么区别，也说不出什么特别的原因。

秘密在于，右边的照片被稍微修了一下，把孩子的瞳孔放大了一点点。瞳孔放大时会表现出更大的兴趣，大部分人意识不到他们的决定是

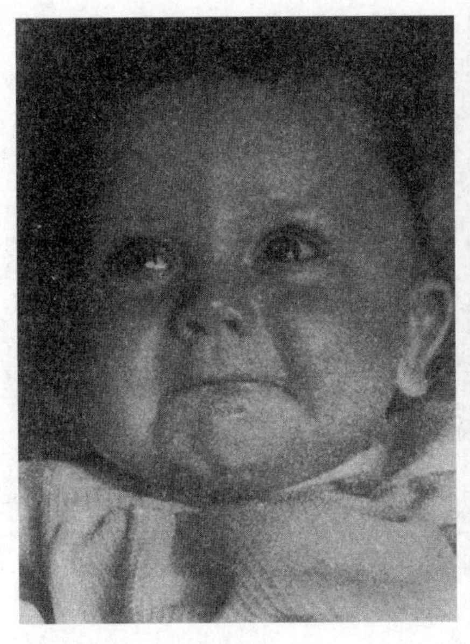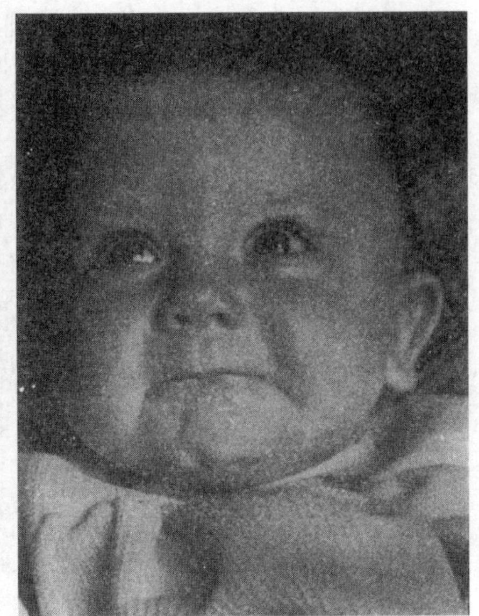

对这个信号的自然反应。

我刚才解释过，大动作很容易看到，但是正因为貌似明显，实则暗藏陷阱。我们总觉得眼见为实，所以往往不会去深入思考隐藏的含义。等真正仔细观察时，第一反应总是“对啊，那又怎样？”宝宝在笑，自然是很高兴；宝宝皱眉，那肯定是发脾气了；宝宝哭丧着脸，一定很痛苦。

把这些貌似显而易见的表情单独做片面的解读其实很容易理解错误，这几乎和仅凭一两个听说过的外语词汇就想要翻译整段对话一样不可能。我做过一场关于宝宝这门秘密语言的讲座，有位爸爸过来给我讲了个好玩的例子，可以用来说明为什么轻信这些明显的信号相当危险。这位爸爸是一位知名的电视演员，曾经也是当地剧场的职业演员，他说一些相当尖锐的剧评往往会被断章取义，经过剧院的生花妙笔改编成热情的溢美之词。他举了一部戏作为例子，剧评家看完后写道：“写了这么多年的剧评，这部剧给我的感受真是前所未有的无聊……和观看油漆逐渐干掉一样，充满了紧张、激动和无穷趣味。”这么一篇讽刺其乏味至极的点评，被剧院的文案作了一番精彩改编，变成了：“写了这么多年的剧评，这部剧给我的感受真是前所未有……充满了紧张、激动和无穷趣味。”

就像有些观众会对改编过的剧评信以为真一样，我们也同样会被那些“大动作”的表象蒙骗。

和所有的语言一样，无声的肢体语言也需要放在一定的语境里，才能让你准确理解全貌。肢体对话比较长的时候，在彼此熟悉的动作基础上，宝宝们会加进去一些不那么明显的信号，改变整个信息。举个例子，有一群小男孩在玩，我们主要观察一下其中两个孩子的交流。3 岁 7 个月大的约翰比较强势，偶尔有些攻击性，其他小孩常会由着他来。安德鲁比约翰大两个月，是个很自信的男孩，虽然不是小伙伴当中最厉害的那个，但是在发生争执时也绝对不会轻易让步。

约翰正在重新摆放娃娃屋里的家具，安德鲁走了过来。过了一小会儿，约翰转过头冲安德鲁笑了笑。安德鲁回应地笑了下，继续看约翰玩。几秒钟以后，他伸手从娃娃屋边上堆着的家具里拿了一张小木床。约翰盯着他使劲看了一会儿，又笑了笑。安德鲁稍微转了下身，似乎要拿着小木床走，这时约翰伸手碰了碰他的胳膊，安德鲁把小木床递给约翰，继续在一旁看着。又过了一小会儿，他又从娃娃屋旁边的那一堆东西里拿出一本图画书，翻开给约翰看了几张里面的彩色图画。约翰只瞥了一眼就不看了，转回去继续忙他的。安德鲁有些不自然地笑了笑，把书放了回去，看着约翰玩了一小会儿后自己走开了。等安德鲁走开后，约翰向四周环视了一圈，突然跺了跺脚。

在一旁看着的大人或许会认为两个孩子之间的互动相当友好和善：他们互相笑了笑，安德鲁还给约翰看了些图片，既没有动手，更没有明显的恐吓。不过，熟悉儿童互动的专家看到的画面则完全不同，他们会认为这两个孩子剑拔弩张、暗潮涌动。事实是这样的：

安德鲁走过去的时候，约翰的那个笑容其实是个警告（我会在第四章里详细解释为什么有的貌似友好的动作实则暗含敌意），约翰在说："你侵入了我的地盘，小心点儿！"

安德鲁回应的微笑是在告诉约翰，警告已明确收到，不过无须紧张。他在向约翰示好："好的，我不会损害你的任何利益，我在一边看着就好了。"

这个回应约翰基本满意，所以掉头继续自己玩，不过姿势稍有调整，他不再放松，变得相当紧张警惕。之前，他的身体向前倾，几乎都埋在娃娃屋里调整家具，但现在只把头微微前倾，他要留意安德鲁的一举一动。十几秒之后，安德鲁捡起那张小木床，意图在于表明自己的立场："我一点儿不怕你。这不是你的玩具，你能玩我也能玩。"即便这么强硬，他还是给了约翰一点儿面子，因为他没有从娃娃屋里抢一件玩具，而是选择了娃娃屋外面约翰用不着的物件。这么做传递的信息是："我不想打架，我坚持待在这里不会伤害你的利益，不会影响你。"

但这样婉转的方式约翰并不买账，他双眼紧盯安德鲁，身体站得笔直，双手开始握拳，胳膊就像是机器人一样绷得紧紧的。他通过这个姿势向对方明确表示："你疯了吧！知不知道我的耐心是有限的？走开！"

约翰原来垂在两侧的胳膊稍有弯曲，身体稍向前倾，然后笑了一下。在这个微笑之前，所有动作全部具有明显的威胁信号，具体我会在第六章详细阐述。在这里，这个微笑给一系列的威胁动作画了一个句号。

安德鲁并不甘心退让，所以只是稍稍侧了侧身，如果把这段秘密语言翻译过来的话，基本是：

“我警告你，把东西放回去，否则我就不客气了。”

“我才不怕你，我拿走了。”

这时，约翰伸手碰了碰安德鲁的胳膊，没有打也没有抓，既不会弄疼安德鲁也不会拉住他，这个信号是：“我不是和你开玩笑……你真想打一架吗？”安德鲁并不想，所以很快妥协了，但又不愿意立刻走开。他留下来，是想让约翰知道：“好吧，既然你这么不情愿，我也没有必要硬来。不过，我还是不怕你。”

过了 6 秒钟，安德鲁想和约翰握手言和、一起玩耍，他捡起一本书随便翻开，其实无论是书还是图片都没有传递什么信息，真正的意义在于他在微笑着给予对方一个东西。这些动作传递了示好的信号：“我们做朋友吧。你看，这个多有意思啊，我给你。”不过约翰不为所动，只看了一眼就不再理睬，铁石心肠地拒绝了。安德鲁能做的都已经做了，既然对方不愿意，他决定去找其他更情投意合的小伙伴。至于之后约翰跺脚的动作，有一种解读是他懊恼自己没能更凶狠一点儿，毕竟他在小伙伴之间的霸主地位受到了挑战，而自己并未进行强有力的维护，翻译成成年人的语言可能就是：“应该更强硬些。他以为自己是谁，要爬到我头上来？”约翰跺一下脚，释放了一点儿刚才和安德鲁针锋相对的紧张感。但是他并没有发泄完，因为几秒钟以后，他跑过去把一个可怜的总是被人欺负的两岁小姑娘一把推倒了，毫无缘由，他不过是想让其他孩子知道自己有多厉害。在 5 岁以下的孩子中，这种一头受气另一头出气的现象很普遍，赠送示好的动作也很普遍，他们会从地上捡起书、玩具、糖等各种小东西递给其他小朋友或大人。这两种行为会跟着我们长大，贯穿一生。在公司受了老板气的丈夫或许会怒气冲冲地回家，把气撒在妻子身上。和丈夫刚吵过架的妻子可能会转过去冲孩子嚷嚷。陌生人第一次说话，往往以赠予或索取来打破隔阂，开始对话。就像在不同的场合彼此递根烟、借个火、买杯酒，都是开始建立关系的信号，都来源于我们孩提时代递出的一颗糖果。甚至握手也含有强烈的"给"的含义，这个动作不仅在说，"你看，我手无寸铁，向你敞开自己，而不是握拳准备战斗"，也是我们在把自己身体的一部分"送"给对方。安德鲁给约翰递过去的图片和紧张的员工给老板递上的一根雪茄本质是一样的，都是想取悦对方。

另外，肢体语言的顺序同样值得仔细观察，这样才会理解无误，其重要性绝不亚于有声语言沟通里的语序。我们用单词组成短语再排列成句子，说话的时候才会抑扬顿挫、富有节奏。在无声的肢体语言里，手势、表情、动作、体态、姿势也会流畅地组合起来。和有声语言不同的是，嘴巴可以休息，无声的肢体语言却不会完全停下，即使在梦中，无论成人还是儿童，一个人的睡姿都会暴露他的性格、感受和态度。训练有素的专家能够细致入微地注意到一个人的姿势，他的面部、四肢是紧张还是放松，并由此对他产生相当全面的了解，包括他是否强势、焦虑。

## 如何习得宝宝密语

和学习任何语言一样，学习宝宝密语要先记最常用的单词和短语，在这里，自然是肢体信号。接下来，和有声语言不同，我们不是去听，而是要去观察这些肢体信号实际是如何运用的。熟能生巧，你慢慢会发现可以直接看懂宝宝一系列的动作，不再需要“翻译”了。你能做到这一点时，就基本和宝宝们一样，开始自然而然地使用这门语言了。

学习无声沟通在许多方面其实要比学习有声语言简单得多。首先，无声沟通的范畴显然要比有声语言更受限制。其次，无声语言的使用场合是重要的语境，往往已经清楚地表明这场对话的大概主题。最后，大部分宝宝的对话要比成人的聊天短得多，虽然有时你真的希望他们能多说一会儿。与此同时，学习无声语言也有相应的挑战。举例来说，如果你想学习德语或者俄语，首先可以竖起耳朵听，不需要接受专门的训练来听音。但当你开始寻找无声信号时，首要的是自学如何克服第一章里讲到的那些心理障碍。让自己足够客观地去看待宝宝的肢体语言，真不是件容易的事。接下来的挑战是速度。对于外语初学者，老师会刻意地把语速放慢到平时的几分之一，而且会挑重要的单词短语不断重复。即使你还是不明白，至少可以让老师翻译一下。以上这些步骤对于学习宝宝密语的爸爸妈妈来说，压根儿不存在。科学家借助摄影摄像技术，将宝宝的交流以蜗牛速度回放，算是解决了速度的问题。但是家里没有这些设备，大家只能强化训练自己的眼睛和大脑去捕捉、解读那些稍纵即逝的瞬间。

除了这些不同，学习无声的肢体语言和学习有声语言的方法还是有许多相通之处。想象一下，你在偷听两个外国人聊天，可是只懂他们语言里的几个单词，所以耳朵竖得再高，人家的对话大部分还是听不懂。偶尔，他们会用到一两个你熟悉的单词，你听懂了一点儿，然后又是一大段生词。等人家说完了，你会把听懂的几点拼凑一下，尽量组合起来理解。

观察肢体沟通的时候，你会注意到一些相当明确、不大会产生歧义的表情和动作，但是好事多磨。忽然一个孩子没按常理出牌，这些信号的规则一下子被打乱了，原来貌似有着清晰目的的对话，忽然变成毫无关联、没有章法的碎片动作。

不要气馁，因为所有的肢体动作，即使貌似没有头绪，也都有一定的规律。按照下面的秘诀和本书提供的诀窍，继续观察。

学会这门秘密语言，不仅能明白宝宝之间的交流，还会对孩子产生更深的认识，也会对他们的需求做出更快的反应，对他们的焦虑感同身受。

## 有效观察宝宝的六大秘诀

1. 首先，观察别人家的宝宝比观察自己的宝宝更好。要获得对肢体动作的准确观察，必须先学会抱着事不关己、客观冷静的态度。所以，如果观察对象不让你过于操心，效果会更好一些。而看着自己的宝宝时，上一章讨论过的心理障碍会让你的任务颇具挑战性。

2. 假设你的观察对象不是一个小人儿，而是一个你从未听说也无从了解的新物种，你的观察会更加客观。有些爸爸妈妈可能会说，自己的孩子已经是一个完全无法了解的新奇物种啦！如果真是这样，这些爸妈就稍占先机。但是，大部分成人过于感性，要冷静下来做到理性公正相当困难。我给学习无声语言的爸妈们一个建议，是假装自己刚刚从火星坐飞碟来到地球，第一次见到人类。这样，再把注意力集中到肢体信号上就容易一些。毕竟，以前确实出于林林总总的原因，爸妈们虽然经常在观察孩子，但是观察肢体表达的秘密语言却是第一次。一定时刻记住自己观察的目的，这样你会带着更加新奇的目光来寻找宝宝们交流的独特之处。

3. 最开始，每次的观察时长不要超过 3 分钟，因为即使时间很短，你获得的信息量也已经大到无法轻易地吸收和分析了。

4. 一开始，每次的观察对象仅限两个孩子，原因同上，限制你必须看到并解读的肢体语言信息量。

5. 找到观察对象肢体语言的节奏，尽量跟上，与其保持一致。不要只注意那些明显的大动作信号，而忽略了更细小却同样重要的微信号。

6. 训练自己更有条理地观察，这样才会看到整个沟通的全貌。尽量避免四处张望，按照下面列表展示的关键路径来观察。

**从周遭开始**：快速观察一下大环境。在观察过程中请注意环境是否有变化，比如是否有其他孩子或大人进来，这可能会影响观察对象的互动。

**宝宝的位置**：注意一下——宝宝是站着还是坐着？是紧张还是放松？两个宝宝的距离多大？请记下任何变化。他们是更紧张了，还是放松了一些？彼此走近了还是离远了？突然做出的任何动作都很重要。尽量注意是什么导致了这些突然的动作。

**体态姿势**：主要注意——宝宝的身体是向着彼此倾斜，还是躲开彼此？是面对面，还是侧着脸？请注意变化，尤其是那些突然发生的动作。

**双手和上肢的位置**：请看看宝宝的胳膊和手是紧绷的还是放松的？手指是蜷起还是张开？手臂紧贴身体两侧，还是向外展开？是强劲有力，有气无力地挥舞，还是丝毫不动？手抓着衣服或身体的某个部位吗？手心朝着身体还是向外？

**头部的位置**：注意看宝宝的头是竖直的，还是歪着？请记下倾斜的方向，侧着，向下，还是向上？注意一下脖子是用力撑着头，还是很放松？同样，请记下头部位置的突然变化。

**面部表情**：注意看一下嘴唇、额头和眼周肌肉。看看宝宝的视线方向，注意观察宝宝会盯着对方看多久，转移视线的时候是向他的左边还是右边？注意宝宝之间的眼神交流。

**差异和雷同之处**：最后，再回到比较宏观的大场景——他们是放松还是紧张？其中一个是否比另一个更放松些？他们的姿势是否有点相似？注意看看表情、视线和头部位置的异同。再看看宝宝的位置，环境的变化，然后按照上面这个顺序表，再来一遍。

这种观察的方式会让你从大环境拉近到小特写，再重新回到大场景。你会先从整体环境看起，然后逐渐注意到宝宝之间的微妙细节。与此同

时，你需要不断注意他们的位置和表情的变化，尤其是那些比较突然的变化。一旦有突然的动作，尽量记下来，然后努力回想是什么引起的。

任何两个宝宝的互动都包含巨大的信息量，无论乍看上去多么平淡无奇。但不要被这种纷繁复杂吓倒，前文说过，任何有过和宝宝相处经历的成人——本书的所有读者，都已经掌握了一些基本的宝宝密语。

不管是否意识到，其实你已经了解很多肢体语言信号，而且明白它们是什么意思。现在要做的，就是通过观察练习逐步克服那些之前讲过的主观心理障碍。

用不了多久，你就会发现那些早已埋藏在那里很久的宝藏了。

这门无声的秘密语言或许悄无声息，但发出的信号却畅通无阻。

# 第三章　宝宝咿呀儿语的意义

小宝宝从离开子宫就已经开始表达。宝宝向这个世界说的第一句儿语铿锵有力，比进入肺部的第一口空气还要快，比他发出的第一声啼哭还要响亮。这个信息是自然界最原始也最有用的一句话，也是最关键的。

宝宝说的是："我很无助，唯有依靠你。只有你爱我、疼我、保护我，我才能活着。"这个请求实在让人揪心，让任何成年人都无法回避，顿生怜惜之心。爸爸妈妈会竭尽全力来保证宝宝的安全。

宝宝长到几周大的时候就已经掌握了成套的无声语言，可以用表情和手势来表达自己的感受和需求。可是，宝宝刚出生时，他们根本不知道这些词语，与生俱来的大部分信号都很原始也很笨拙，连微笑这个最基本的肢体信号都没掌握，但还是能够准确地传递信息。这不是因为他们做了什么，而是因为他们的婴儿身份。和其他动物的新生儿一样，人类婴儿基本都是马歇尔·麦克卢汉（Marshall Mcluhan）的著名理论"媒介即信息"的最佳佐证。

伟大的人类学家康拉德·洛伦茨（Konrad Lorenz）是最早意识到这一信息存在的科学家之一。洛伦茨博士仔细观察许多不同物种的新生儿后，得出结论："宝宝的模样"的确有其独特的重要性。新生儿的长相特

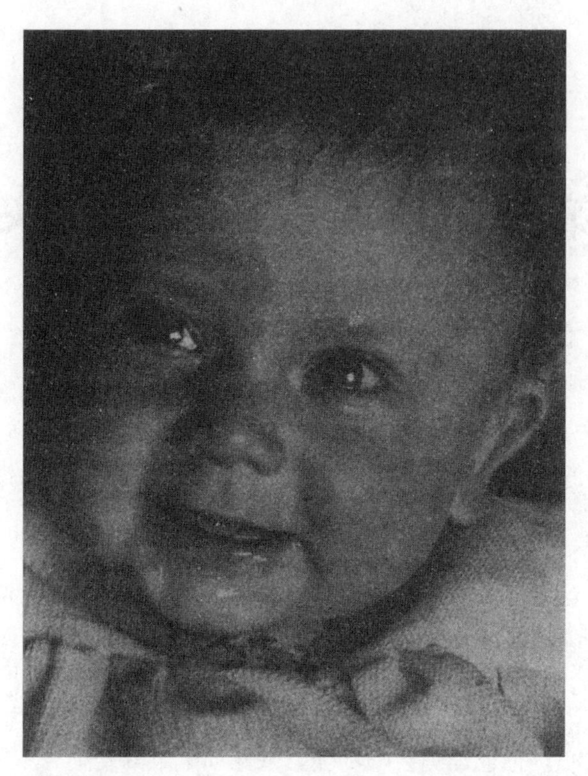

宝宝即信息。研究表明，宝宝的外貌特征构成了一个强大的生物信号，让成年人释放出一种特殊的反应。

征本身就是一种生物信号，可以激发成年动物的“母性”反应，让爸爸妈妈释放一系列养护照顾的行为反应，他把这种信号称为“释放信号”。显然，这种“释放信号”的工作原理非常原始，并非后天习得，不过，学习会让新生儿应用这一技巧更加熟练。

一些动物的幼崽需要照顾和保护才能长大，养育幼崽是雌性动物的天性，而把这种天性和母爱激发出来的正是幼崽本身！

这个理论看上去或许有些奇怪，甚至有些不舒服，但许多扎实的科研证据站在洛伦茨博士那边，支持他的结论。和许多哺乳动物的幼崽一

人类幼儿和狮子幼崽有天壤之别，但是在最早的发育阶段，他们都很脆弱，极易受到攻击，而在这个阶段，他们的外形有一定的共同之处。

样，人类婴儿的确拥有特殊的外貌，会激发成人内心的特殊反应。

心理学家设计了一些实验来测试“释放信号”的存在和效果。芝加哥大学的卡恩博士在20世纪50年代做了最早的尝试，他利用53个不同种族的人婴儿时期和成年时期的图片，又找来已婚和单身的人、有孩子和未生育的夫妇，包括年轻人、中老年等不同的人，让他们在每一组图片里挑出比较喜欢的那张，结果非常有意思。参加实验的女性都对幼儿图片表现出相当显著的偏好，而且偏好程度因她们是否已婚或是否生育而略有不同。那些已经或即将成为母亲的女性对幼儿图片的偏好程度又会比其他组高许多。而男性对于幼儿图片的偏好程度普遍低一些，但

“宝宝模样”的信号极其强烈，有的幼崽甚至能够激发其他成年动物的反应。就像这只丹麦猎犬，即使表情貌似不情愿，实际上却已经毫无怨言地当了狮子孤儿的奶妈。

同样根据他们婚姻状况的不同而有所差别。单身男性对于幼儿图片的偏好程度最低，已婚并即将成为人父的男性的兴趣就大了许多，而已为人父的男性兴趣最高。

另一位美国的科学家埃克哈特·赫斯（Eckhard Hess）在20世纪60年代同样用图片做了一系列的测试。不过，他并没有要求测试对象表达对哪张图片的喜好，而是采取了更加客观的评估方式——记录测试对象的瞳孔变化，这是他们无法直接控制的自觉表现。

第二章介绍过，我们在看到自己感兴趣的事物时瞳孔大小会产生变化，暴露一切真实的想法，自己控制不了。这个方法用在许多领域，市场调研公司用来评估广告的效果，心理学家用来测评一个人的性倾向，犯罪学家用来测试某一张面孔或地点对于犯罪嫌疑人的特殊意义。

赫斯博士让志愿者观看盒子里播放的图片，这些图片和卡恩博士用的很相似，同时，通过肉眼无法看到的红外线、一面镜子和一台摄像机，把志愿者的瞳孔变化记录下来。测试结果再次印证了之前实验的发现。根据性别、婚姻状况、与幼儿的关系等不同背景，志愿者表现出对幼儿和动物幼崽不同的兴趣水平。但是，总体来说，女性对幼年儿童或动物幼崽的兴趣往往更高。

## 宝宝的独特之处

成年的狗、猫、羊和狮子貌似毫无共同之处，但幼时的它们其实非常相似。幼崽并不是父母简单的复制品，就像宝宝并非小号的成人一样，它们的体貌形态非常独特。仔细观察一下小狗、小猫、小羊和小狮子，你就能注意到它们的相像之处了。

它们普遍四肢又短又胖，肚子圆鼓鼓的，最突出的是，它们都头大身子小。胖嘟嘟的小脸，饱满凸出的额头下面都有滴溜溜的大眼睛。

成年动物并没有这些体貌特征，因为这些宝宝长相的使命就是要将成年动物的母性激发出来，即使是其他物种也防不胜防。成年狗看到小猫咪的反应和看到成年猫的反应一点儿都不一样。上一页的图片显示，狗妈妈可以当幼狮的奶妈。成年人同样会对其他物种的成年动物和幼崽有截然不同的反应，他们会对幼崽更加热情。大家——尤其是女性——看到小猫小狗小羊就想去拥抱、抚摸、照顾它们，“母性大发”。许多年纪较大的单身女性更青睐那些即使成年还长着一张娃娃脸的宠物狗，吉

娃娃、哈巴狗、博美等最受欢迎的宠物犬，都无一例外地长着小扁脸和大圆眼。

我们看到有人对动物施暴，反应往往也不一样。如果受虐的是那些仍然留着“娃娃”特征的动物，我们的反应会更激烈一些。看到有人踢小猫或打小狗，大部分人更容易被激怒。如果是成年的猫狗，大家的反应可能会稍弱一些。其实，无论是成年还是幼小的猫狗，都一样无辜一样无助。这说明我们做出不同的反应时，感性远多过理性。

等它们长大，“娃娃脸”不再，大家的态度就不同了。大部分女性都会觉得小羊很俊俏，但是大绵羊看着挺傻，小牛很可爱，但是老牛就有点丑。当然，在农妇眼里，它们都是宝贝。

胖一点儿的宝宝比瘦一点儿的宝宝更讨人喜欢，因为他们长得更接近我们理想状态的幼儿体貌特征。医生和营养学家总在告诫爸妈，给孩子喂得过饱并不健康，但是众多妈妈，还有宝宝秀的裁判，继续一如既往地偏好那些胖嘟嘟圆眼睛的宝宝。

她们的这些反应都源于小宝宝独特的体貌激发出来的强烈母爱。

这些特征也被商业领域刻意利用来激发用户的强烈情感反应。玩具生产商在娃娃的设计中巧妙地糅合了这些基本的“释放”信号，让它们脸蛋鼓鼓的，眼睛大大的，身体胖胖的，四肢肉肉的，虽然这些特征并不符合实际，但保证能吸引小女孩们。还有一个专门给男孩设计的娃娃在市场上获得了相当大的成功，这个娃娃叫作“武林高手”，他脸颊瘦长、身体精瘦、肌肉健壮，一点儿都没有那些给女孩子玩的娃娃的特征。

将释放信号运用得炉火纯青的是华特·迪士尼，他笔下所有那些最受孩子喜欢的角色——无论是七个小矮人还是三只小猪，都将“娃娃脸”的所有特征夸大到极致，而那些女巫、大灰狼等坏蛋角色无一例外都皮包骨头、干瘦如柴。

米老鼠是动画史上最受欢迎的角色，它也是“释放信号”商业运用的最佳案例——胖胖的身子、大得不成比例的头颅、凸起的额头、圆圆的眼睛。1928年，米老鼠第一次亮相时，“生物释放信号”这个概念还不存在。迪士尼笔下的这个角色成功地让观众从内心深处感到快乐。这样说并非空穴来风。赫斯博士在他的早期测试里通过观测记录瞳孔的变化来了解大家的兴趣和反应，他使用了许多不同的图片，有的是对人类和动物体貌特征的忠实再现，有的对同一模特进行了迪士尼式的夸大。结果是，图片越迪士尼化，瞳孔的反应就越大。

虽然我之前讲过，“娃娃脸”的这些特征是宝宝密语中的第一批信号，但还有一些沟通动作发生得更早，不过主动发送信息的并非宝宝，而是“生育”本身。见证了分娩的成人往往会觉得那是一个特别而感动的时刻，不止一个留在产房的丈夫告诉我，他们原本担心分娩的过程会让自己浑身不自在，但是宝宝诞生的那一刻，他们所有的担心都消失无踪。那一刻让他们感动，永远是他们生命中的重要经历。即便是已经接生过无数宝宝的妇产科医生都说，他们见证的每一次生育都对自己意义非凡。

汇通基金在伦敦组织了一场关于亲子关系的研讨会，会上分享和讨论了这些来自父母和医生对于分娩的强烈感受，也播放了一段在美国的妇产医院和家庭拍摄的分娩镜头。一位与会者称这个过程让人紧张激动，仅仅是观看录像都会受到感染。

美国新泽西州罗格斯大学的罗森布拉特博士对这种观点表示赞同，他说：“我们邀请了两位摄影师来加利福尼亚拍摄分娩过程，其中一位在事后告诉我，亲眼见证之后，他对这位产妇的爱意甚至超过了对自己妻子的爱。两位摄影师都对这个家庭产生了深厚的感情。”

伦敦儿童医院心理医学部的本托维姆医生描述了影片对于在场的医生和心理学家的冲击：“有那么一刻，大家都很激动，彼此之间的隔阂消失了，似乎无一例外都感受到了喜悦，当然那些对宝宝有专业兴趣的人尤其如此。”

宝宝的娃娃脸特征会激发成年动物的母性已经无须置疑，不过母爱的宝贵和特别一点儿不因此贬值。雌鼠的母性反应和人类母亲对自己孩子毫无旁骛的喜爱，从遗传上来讲，或许都是一样的原理。这种比较也就到此为止，虽然老鼠的确是非常出色有耐心的父母，但因此就将它们的行为与人类行为相提并论，绝对是无稽之谈。我们现在知道，人类许多重要的社会性行为深深植根于我们遗传的生物基因，甚至由此产生了一门新的学科“生物社会学”。人类语言让我们能够明白像爱和个体权利等抽象的概念。人类对于世界的认知并不仅仅来自直接的经历，也包括通过言语沟通和推理分析能力来获得第三方信息。人类社会也因此制定了严格的道德、伦理和法律规则来保护未成年人，如果亲生父母未能尽责，整个社会会接过抚育幼儿的义务。那么这个原始的基本生物“释放信号”是怎么保留下来的？即使没有这个生物预设，大自然应该也会信任父母会喂养和保护幼小的宝宝吧。在这里，我们需要记住，在漫长的历史中，人类目前的存在不过是一眨眼的工夫。有一种说法是，如果把地球的历史浓缩成12小时，人类文明仅仅始于午夜前的那一分钟。在道德戒律、社会法则形成之前，人类已经经历了数千年原始的残酷竞争，必须具备强有力的生物特征才能生存下来。远在旧石器时代的史前人类在养育下一代上面或许不那么倾心倾力，但是如果说在几百年前，我们的祖先也不见得多么懂父母之道，你可能就会有点惊讶了。

你或许未曾料到，抚养子女的责任和正确哺育的社会压力，都是近期的事情。爱德华·肖特（Edward Shorter）教授在他的著作《现代家庭的形成》（*The Making of the Modern Family*）中很形象地指出，“好妈妈”的概念是现代社会的发明。他在书中说：“在传统社会中，母亲对两岁以下婴儿的快乐并不在意。”

这个说法言之过轻。其实，在孩子学会走路之前，很有可能根本没有人理睬甚至喂养，甚至襁褓中的婴儿都会得到令人咋舌的对待。哭得太多，大人可能会一拳把孩子打晕过去，或者粗暴无情地摇晃，这种令人发指的行为不仅是穷人才有的现象。农民家的孩子可能会被野兽叼走吃掉，有钱人家的孩子稍有不慎就会挨打，哪怕是贵族的后代，一旦招惹了高高在上的父母，或许就被乱棍打死。有时候，皇族血统子嗣都不能幸免。欧洲一些无聊的宫廷大臣会把裹得严严实实的婴儿从这个宫殿的窗户抛到另一个窗户来逗乐。法国亨利四世的一个弟弟就是这样被当作肉球扔来扔去的时候，坠到石头街巷一命呜呼的。美国历史学家劳埃德·德莫斯（Lloyd de Mause）在他的著作《童年的历史》（*The History of Childhood*）中总结精辟：“童年曾经是一场梦魇，我们不过刚刚醒来。”

这一系列可怕的悲剧是不是意味着我们一出生时的首发信号并不奏效呢？幸亏答案是否定的。即使在最原始残酷的社会，“释放信号”还是奏效的，至少得以保障生命的延续。我想说的是，如果人类繁衍的希望全部押宝在“母亲生了孩子就必须要爱，父亲贡献了精子就必须去保护”的话，人类早就灭绝了。

## 爱抚

宝宝发出了无助的信号，向全世界发出要活下去的请求，妈妈会如何反馈，告诉宝宝有人会爱护他呢？很有意思的是，妈妈首次和宝宝沟通，信号的本质取决于宝宝的出生时间和地点。美国凯斯西储大学小儿科的克劳斯博士就这个话题进行了广泛的调研，发现虽然所有的妈妈给自己的新生宝宝发出的信号基本相同，但还是有一些细微而关键的差异，这些差异和新生儿是否足月，以及在家还是在医院分娩有关。母子之间的交流常通过抚触进行，妈妈的手指对宝宝的爱抚有规律可循。克劳斯博士汇总道："我们观察到，妈妈和所有足月出生的宝宝之间的第一次交流会按照一致的顺序进行：在最初的 4 ~ 8 分钟，妈妈会先用指尖轻轻地从手到脚触碰宝宝，再用手掌按摩爱抚宝宝的身体。"

具体的过程是：妈妈会先用指尖触碰宝宝的脚趾和手指，然后用手指轻轻划过宝宝的小脸和身体，一会儿，她会换手按摩宝宝全身，宝宝会相应地越来越放松，之后，妈妈也会平静下来，甚至会睡着。

克劳斯博士和他的助手们详细地记录了每一位妈妈抚触孩子的时间，并进行了比较。他们发现，妈妈最开始往往先用指尖接触宝宝的手脚，再用手掌按摩宝宝的脸和身体。他在报告中指出："最开始 3 分钟内的指尖触碰从 52% 降到了最后 3 分钟内的 26%，而手掌的接触从 28% 增加到了 62%。每一位妈妈都有这样的变化。"

但研究人员也发现，这个抚触的顺序会受到一些外部条件的影响。在这个测试中，宝宝都是光溜溜地交到妈妈怀里的。但是之前的一系列测试中，宝宝是裹在小被子里交给妈妈的，妈妈对宝宝的抚触时间也比较长。第二个条件是母子有没有隐私空间。研究人员是悄悄地从小窗口进行观察的，如果妈妈旁边站着一个虎视眈眈的陌生人，爱抚方式很可能会不同。

从第一次接触到第三次接触，妈妈抚触宝宝的时间也有明显增长。在第一次的10分钟会面中，妈妈接触宝宝的时间大约有两分钟，而且这两分钟大都在用指尖触碰宝宝的手脚，手掌按摩宝宝面部和身体的时间较短。在第三次见面时，妈妈有大约5分钟的时间都在抚触宝宝，而且指尖触碰和手掌按摩的时间分配均匀，注意力更多地放在了宝宝的面部和身体上。

足月的婴儿在出生后一个小时之内就会交到妈妈怀里，但是早产儿往往要在1～3天之后才会见到妈妈，第一次长时间接触。早产儿的妈妈看到自己床头光溜溜的宝宝时，刚开始只会用指尖触碰宝宝，但时间比足月宝宝的妈妈要短，从指尖触碰到手掌爱抚的转变往往也更迟。

在家里分娩的妈妈和宝宝的交流方式又不大一样。她们不是从手脚的指尖触碰开始，而是马上就用手指温柔地上下抚摸宝宝的脸，再很快换用手掌按摩宝宝的脸和身体。她们会更早开始接触宝宝的脸，也更快完成指尖到手掌的转变，在和宝宝的早期见面中，她们也会花更多的时间抚摸宝宝。克劳斯博士认为这是因为在家里，宝宝往往被更早地交到妈妈怀里，在处理胎盘之前她已经开始喂宝宝了，产妇对于分娩环境的把控也更大一点儿。克劳斯博士描述说："和在医院分娩非常不一样，在家里，产妇似乎把控着整个程序，比如在哪个房间、在房间的哪个位置分娩，包括哪些人在场等都会由她来决定。在分娩的整个过程中，她是积极主动的参与者，而不是被动的病人。"

在这种情况下，妈妈第一次抱到宝宝时，宝宝是安静而清醒的。而在医院里，妈妈第一次把宝宝抱进怀里时，他们往往是睡着的。

有证据显示，母子间的尽早接触对于宝宝以后的生长发育很有益处，但这并不是说就应该全盘否认在医院分娩。在第九章，讲到妈妈如何学以致用宝宝密语时，我会详细讨论这个话题。

这些爱抚按摩的动作显然是肢体语言的信号。当宝宝无声地发出“帮帮我……”的请求时，妈妈轻柔的指尖传回去爱的信号：“妈妈在这儿，宝宝不怕。”妈妈从自己的指尖感受到宝宝的柔软和温暖，那也是宝宝在告诉她：“我很强壮，生命力很强。”妈妈掌心的力量会让宝宝更放松，任何的担忧恐惧都在瞬间消失。而妈妈和宝宝更亲密，同样会缓解焦虑。

我们对母子早期交流的了解也就到此为止，尚有许多未知领域：我们还不明白为什么足月新生儿的妈妈和早产儿的妈妈触碰孩子的方式不同；也不确定为什么在医院分娩的妈妈和孩子首次接触时更忐忑不安。对于这些问题，大家有不同的猜测，但没有定论。最后，我们不了解触碰和按摩是否通过指尖和掌心传递了不同的信号，或者是否有信号。这些肢体语言的神秘领域还有待探索。

## 配合说话的节奏

有些最常用、含义最丰富的肢体动作只有慢速拍摄技术才能记录下来，我们用这些微小快速的动作来给语言打拍子。如果你拿一只调音用的音叉敲打一下，旁边同一音高的音叉也会立即开始共振。人类的大脑和声音的振动有相似的敏感度，我们对语音的高低升降会本能地做出反应，并且能够把语调起伏很自然地翻译成肢体语言。几天大的宝宝就已经对语音的节奏感相当敏感，几乎可以肯定，这种能力与生俱来。

电影界的一个术语叫作“对口型”，意思是角色讲台词的画面和声音要调整到一致。一旦口型没对上，观众立刻能看出来，电影马上变得非常别扭。波士顿大学的心理学家威廉·康顿（William Condon）博士做了一系列的实验，证明不仅电影里需要“对口型”，实际的对话沟通也离不了。康顿博士拍了数千米长的胶片，然后一帧一帧反复研究，许多细小的肢体动作慢慢显现在他的火眼金睛下。这些胶片乍一看上去普通至极，但当康顿博士放慢速度前进后退地播放，再加上他的解释后，你就会恍然大悟，这些貌似毫不起眼的场景忽然变得令人叹为观止。比如其中的一小段拍摄的是办公室里一男一女的对话，用普通速度播放时他俩只是在聊天，肢体动作也很常见：在椅子里挪挪、扭扭手腕、转转头、调整姿势。但随着康顿博士的讲解，你就可以看出来这些小动作非常有条理，与对话的起伏相当协调，他们看上去几乎是在随着讲话的节奏翩翩起舞。虽然每个人说话时都会配合动作，但是只有在拍摄下来慢速播放后，我们才能看出个中奇妙。康顿博士解释说：“说话的人言语和动作的节奏完全同步，每个人都是这样，毫无例外。仔细观察后，我们可以发现，其实听众的动作同样与说话的人协调一致。”

宝宝也会在听到周围人的说话声后，根据音调起伏、语速急缓等“翩翩起舞”，这些动作同样细微难察但确切无疑。不光是有人直接和他们讲话的时候，宝宝会做出这样的反应，即使是大人们在聊天，宝宝也会感受到。摇篮旁边的大人聊得正投入，摇篮里的宝宝也同样随着节奏手舞足蹈，虽然这些动作有时几乎无法觉察。

宝宝对于人类声音的敏感度与生俱来，这让他们从呱呱坠地的那一刻就开始学习熟悉人类语言独特的节奏。无论是无声的肢体语言，还是有声语言和肢体语言一起使用，他们必须掌握这个节奏才能准确地表达。

对于宝宝而言，正确掌握语调节奏的重要性一点儿都不亚于正确学习肢体信号。如果节奏的把控稍微慢半拍，宝宝即使可以沟通，也会磕绊不断。生来就失聪的孩子可以学会说话，发音很好，但节奏永远是个难题，流利程度还是会和听力正常的孩子有差别，一张嘴别人就听得出来有些不大对劲。问题就在于“口型”没对准。学习外语的时候多多少少面临一样的挑战。听上去像在说母语的人，外语不仅发音标准，肢体语言准确，还抓住了外语特有的节奏。

大脑受损会让一些孩子的肢体语言和自己或他人的话语节奏不那么合拍，这时沟通同样会不畅通，有时候甚至严重到根本无法放松地对话。一名脑瘫儿童的母亲发现，自己即使深爱着孩子，还是无法和他亲近，因为疾病致使孩子说话的时候肢体抽搐，母亲找不到节奏，母子无法同步。后来医生教母亲如何跟上并模仿孩子的肢体动作，才使得母子间的沟通开始顺畅起来，感情也得以改善。无论孩子的动作如何突然，母亲都需要和他同步。

## 打破寂静屏障

大部分的爸爸妈妈都认为小宝宝怎么可能“安静”得下来，不过这也怨不得那些曾经半夜被哭醒而且再也睡不着觉的爸妈。但是纵观人类历史，孩子实际上一直被禁锢在一堵寂静的高墙后面，一直到最近四五年，才逐渐有人尝试翻越甚至拆掉这堵墙。

小宝宝经常哭破喉咙或低声抽泣，无人能懂他们眼泪背后的社交意义。他们也许是告诉全世界他们饿了、渴了、拉屁屁了，或者就是不高兴而已，但这只不过是最低级的沟通。我们现在知道，他们可以表达的远不止这些，即使出生只有几天，小宝宝就渴望也需要和他人交际，而且技巧相当娴熟。

几百年来，横亘在科学界和宝宝之间的高墙不单单是物理性的存在，更是无形的认知缺乏。以前的新生儿被严严实实地包裹在襁褓中，四肢无法动弹，自然也无法伸手去探索周遭。这种做法在 19 世纪中叶才在欧洲遭到淘汰，现在看来简直太野蛮。然而，即使在今天，虽然不再有人用襁褓将可怜的小宝宝们缠成一个个小木乃伊，但他们依旧和外界完全隔绝。爸妈们把宝宝放在婴儿车或婴儿床里，高高的栅栏围着，厚厚的毛毯盖着，只露个小脑袋，偶尔胳膊挣脱出来挥舞一下，大部分的时候周围一个人都没有，唯一的一点儿刺激是床头挂着的一架旋转的床铃。的确，新生儿一天里有十六七个小时都在睡觉，但他们不是连续睡十几个小时。在他们醒着的时候，除了喂奶，同样需要接收外部刺激来学习如何与社会交流。

宝宝再大一些后睡眠时间逐渐减少。6 个月大的宝宝每天有 14 个小时的睡眠就够了，相应地，在他们醒着的时候，外部刺激与他人的互动就愈发重要。那么，一般这种互动如何发生呢？

妈妈有时会把宝宝抱起来放在胸前，或者放在膝盖上，或者让宝宝斜躺在自己的臂弯里，母子贴得紧紧的。有时候，妈妈会对着躺在婴儿床里的宝宝“说话”。可想而知，宝宝在这种情况下很难自如地和妈妈沟通。他们要么手脚和妈妈的身体挨着，肢体的秘密语言根本无法施展出来；要么面朝天，妈妈那张巨大的脸俯下来，根本看不到她的身体。即使是成年人，平躺在床上也很难和别人好好说话，但凡生过病住过院的人都知道那种经历有多么痛苦。

人类最自然的沟通姿态就是基本直立，最大限度地让对方的身体在自己的视线范围内，让尽可能多的肢体语言来补充语言的表述。双方头部应当尽量平行，让最主要的信号发射器——脸部——基本处于同一水平。彼此间的距离需要恰到好处，太远会听不到、看不清彼此，太近又过于促狭。成人之间的距离远近取决于他们彼此的关系，亲密朋友之间往往在半米左右，既有身体的接触也可以窃窃私语；关系较为亲近但不亲密的两人需要保持在半米到一米之间，而诸如上司与下级这样正式的社会关系中的两人距离在两米多甚至四米之间。大体来说，小朋友要比成年人更喜欢离近点说话和玩耍，即使是第一次见面的两个宝宝之间的距离也不会超过一米，他们希望站或者蹲在一块儿。小朋友之间最近的距离也要比成年人可接受的最近距离要大一些，大人总是想把宝宝抱紧，几乎要脸贴脸地和宝宝说话，但实际上，在这种情况下，双向的沟通几乎无法完成。

## 正确地和宝宝说话

请爸爸妈妈对照以下 6 条指导性建议，给宝宝创造一个近乎完美的环境，来保证亲子沟通的最佳效果：

1. 宝宝座椅既要舒适安全，也要给宝宝的四肢足够的自由空间随意挥舞。

2. 6 ~ 8 周以下的小宝宝习惯蜷起来，所以座椅要绝对牢固地支撑他们的头、脖子和背部，这样他们会觉得温暖舒适。

3. 让宝宝的身子尽量竖直向上。6 ~ 8 周以下的宝宝会觉得这个姿势并不舒服，所以爸爸妈妈需要调整，尽量让宝宝能够轻松地靠在椅背上，而并不是仰面朝天。

4. 调整座椅高度，让宝宝的脸和你的脸处于同一高度。你可以挪一把大椅子过来，把宝宝椅放上去，离地一米左右就好。

5. 注意不要让椅子扶手之类的东西挡住你的四肢，要保证宝宝可以看到你的双手、臂膀和身体。

6. 放轻松，亲子对话要自然愉快，不要着急。

各就各位，亲子沟通就可以开始了。宝宝会发出什么样的肢体信号？爸爸妈妈又应该特别注意哪些地方？

爸爸妈妈会首先注意到，宝宝有许多面部表情和肢体动作，他们四肢的舞动和蹬踢有不同的力度和幅度，头部也会转向不同的方向，眼睛会和父母对视一下再转移视线，嘴巴也会做出各种表情。这些父母都已经司空见惯，乍一看上去和宝宝们平躺在婴儿床上的动作表情没有什么两样，看不出什么排列组合的意思，但是再仔细观察一会儿，这些动作的顺序和重复周期都会带着不同的意思慢慢浮现出来。

## 宝宝必修课

任何形式的沟通首先都要遵照一条基本规则才能有效完成：轮流来往的默契。无论是通过摩斯密码还是用镜面发光发送信号，无论是说英语还是西班牙语，打手势还是发旗语，参与对话的各方都必须得先认同发送信号和接受信号的秩序才能实现你来我往的沟通。

很多人觉得发送和接收信号时需要一来一往的规则太显而易见了，还需要专门学习吗？看看政客们的唇枪舌剑、夫妻因为鸡毛蒜皮的小事争执不休或者同事间的不依不饶，你就明白这些疯人院一样的无序争吵，正是因为缺乏沟通和理解你来我往这条必须有的基本规则。

听一听两位成年人的对话，我们就会明白信号的发送不仅是你一言我一语，无声的肢体动作也会有来有往。

其实，这两个人大老远就已经认出了对方，但都会等到再走近些才开始用明显的肢体动作来表现自己已经看到并认出了对方。他们会交换眼神、相视而笑、微微点头、轻轻招手，然后在相距一米左右的地方停下脚步，握手致意。其中一位会先主动开始说话：

“您好啊！别来无恙！一切都还好吧？”然后说话的人会停下来，通过不同方式向对方表明自己的信号已经发送完毕，正在期待对方的回应，比如他会中断对视，很快看其他方向一眼。或者，他会把头稍微向前倾，随着发问时最后一个字的音调上升向上挑眉毛。如果对方有基本的社交技能，就可以准确无误地接收到这些信号，恰当地回应一下，接过话茬儿，让对方转换角色成为接听一方。

“很好呢，谢谢问候！很遗憾听说您夫人近来有些不舒服，她还好吗？”说到这里，他停下来，暗示对方自己要转换角色，作为“接收”一方了。如此这般，双方不断轮流发送信息接收信息，对话得以深入。等其中一方或者双方想要结束对话时，同样会发出明显的信号，通过言语和肢体挑明意图。照例，还是有一方先主动说明：

“好了，聊得真愉快。您保重啊！”

对方会应答一声：“您也保重，回头再聊。”然后转移视线中断对视，继续各自埋头赶路。

类似的问候寒暄套路大家每天几乎都会进行十来遍，所以习以为常，注意不到这套包含了众多肢体信号的行为的精妙之处。下一次路遇友人时，你也可以试着留意一下对话时大家发送的不同信号，看看你和朋友的角色如何自然转换又顺畅对接。你或许会注意到这些环节的信号纷繁复杂、互为配合，不过使用最频繁而且最有效的是，说话的人在说完时会立刻转移视线、停止对视。对方自然会认为你已经说完了，在等他们接下去。即使有时你话说到一半，视线转移到别处，对方都很可能会接过话茬儿。

中断对视也会发生在小宝宝和成年人之间。事实上，这个信号是建立对话框架的关键。成年人对宝宝中断对视的反应与对成人的反应完全一样。不过，宝宝一开始转移视线的目的不见得是要表达什么，而仅仅是大脑发育的一种需要，演变成社交信号还需要一段时间。

本书的第二章解释过，宝宝对于人脸有着与生俱来的亲近感，他们会主动寻找面孔，特意观察人脸。宝宝拿到一件新的玩具后，可能会研究一会儿然后突然扔到一边，把注意力转移到其他地方。但是他们看着人的时候会打量好几轮才转移视线，隔一会儿再回来继续打量。如果对方说话时的比画正好冲着宝宝的方向，宝宝也会更频繁地打量凝视，反应也会更积极。

布雷泽尔顿博士是最早研究母子交流的专家，他认为孩子待人待物有不同的注意方式，因此他们需要将接收到的信息进行消化理解。在周围的环境中，静态的对象没有动态的对象提供的信息丰富，所以宝宝专注地看一会儿就需要转移视线，让脑子消化一下刚刚观察到的所有细节。而人与人之间的交流会提供更多也更复杂的信息，宝宝需要不时把视线转移到不那么眼花缭乱的地方，让还不太发达的大脑休息一下。宝宝会注视一会儿参与一会儿，然后主动暂停对话，给大脑一点儿时间把刚刚接收到的信息整理归类。

和宝宝练习交流的时候，爸爸妈妈可以把孩子的转移视线理解为："好了，我说完了，该你了。"然后按照这个节奏来调整自己的动作言语，这样爸爸妈妈和孩子的对话就变得比较像成人之间的互动，有助于孩子学会你来我往的轮流规则。

下面我用一个例子来说明一下母子之间如何在互动中找节奏，她们是才 9 周大的小姑娘乔西和她的年轻妈妈。

乔西坐在宝宝椅里看着窗外，妈妈走了进来，开始招呼宝宝："哈啰……乔西……乔西……"每一个尾音的音调都在上升。小姑娘并没有反应，妈妈轻轻地碰了碰她的脚丫，乔西转过头来盯着妈妈的眼睛看，过会儿又张了张嘴。妈妈的身子向前倾，继续轻声叫她的名字，然后举起右臂晃了晃手指，说："看这里……"

两台相机把妈妈和 9 周大的乔西的互动同步拍了下来。这些图片展示了宝宝在互动的主要环节用到的肢体语言。

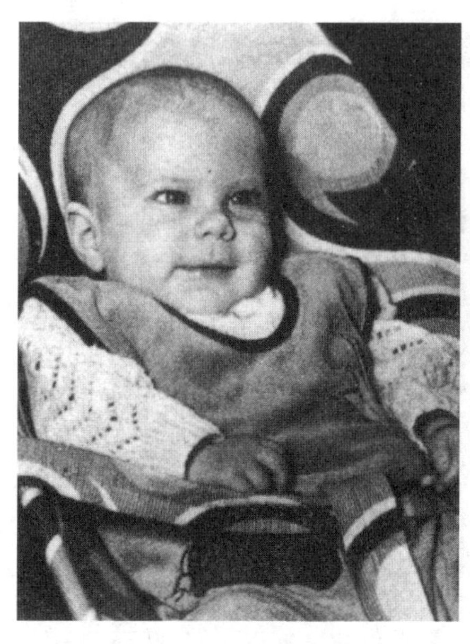
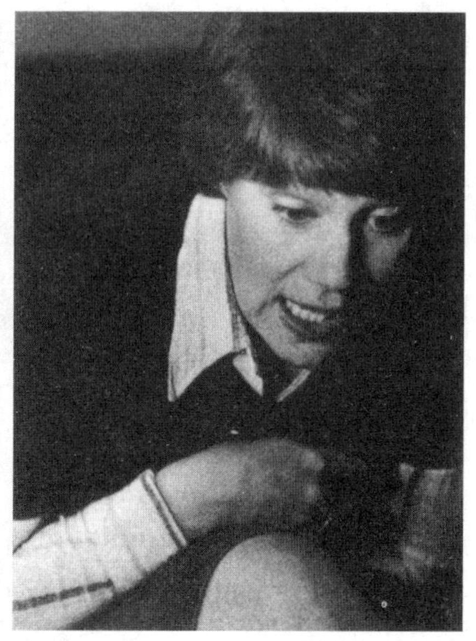

乔西的妈妈轻声呼唤来引起宝宝的注意，之前看着窗外的宝宝开始和妈妈对视，对话就开始了，即"初步启动"和"互相确认"环节。

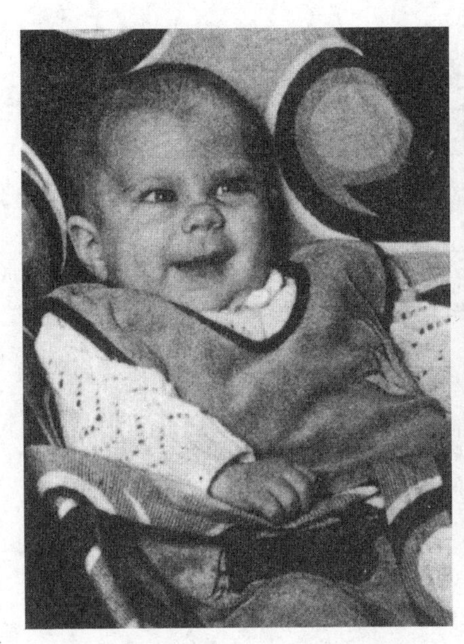
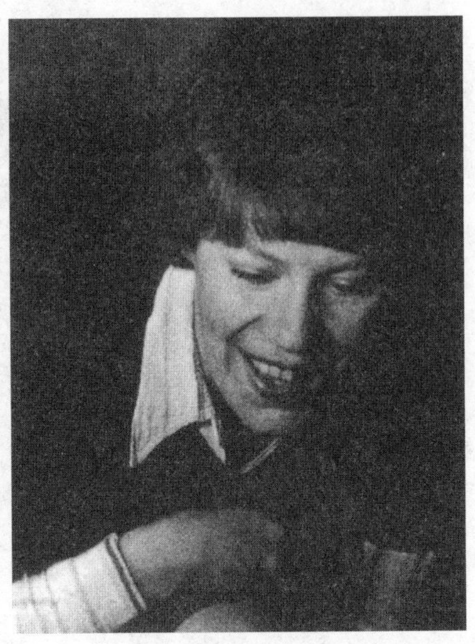

妈妈笑着打招呼，宝宝也微笑着回应，非常快乐而清醒，她的肢体语言在说："我们来说说话吧！"

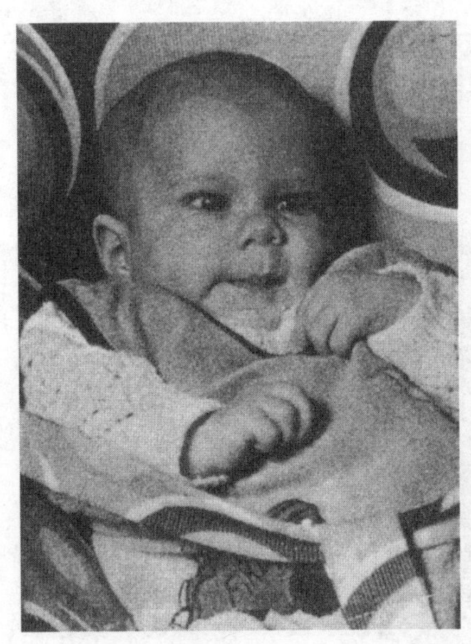
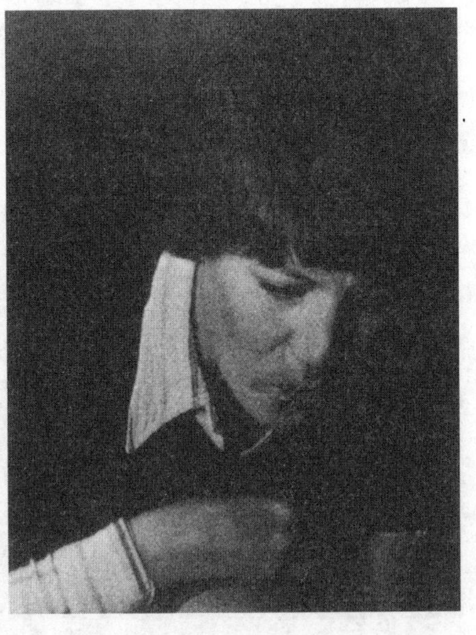

在对话游戏的过程中，乔西学到了许多重要的肢体语言的作用。妈妈会故意夸大表情和动作，让宝宝很容易就能看到，开始模仿。这组图中，我们可以看到乔西在模仿妈妈的嘴巴。她们在对话游戏的过程中，一直保持着对视。

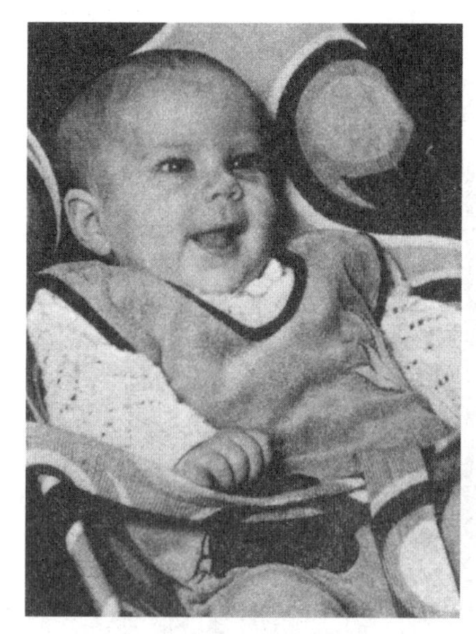
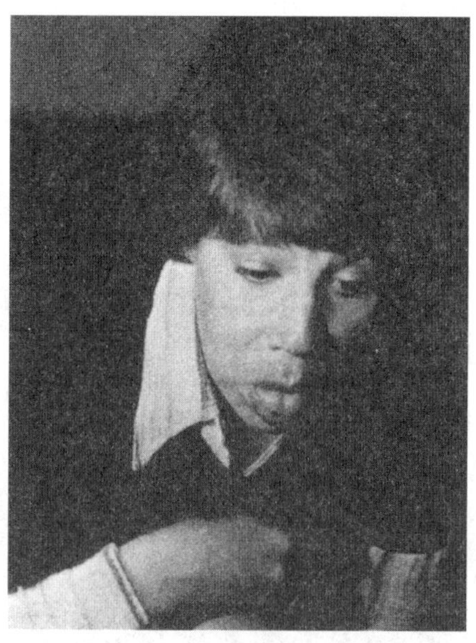

乔西继续模仿妈妈嘴巴的动作，非常兴奋，乐在其中。

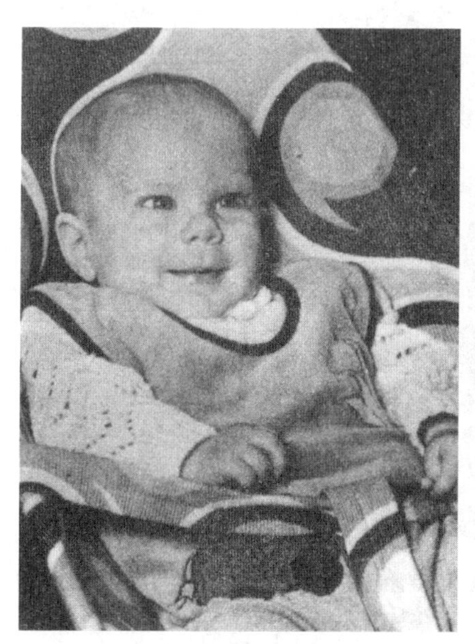
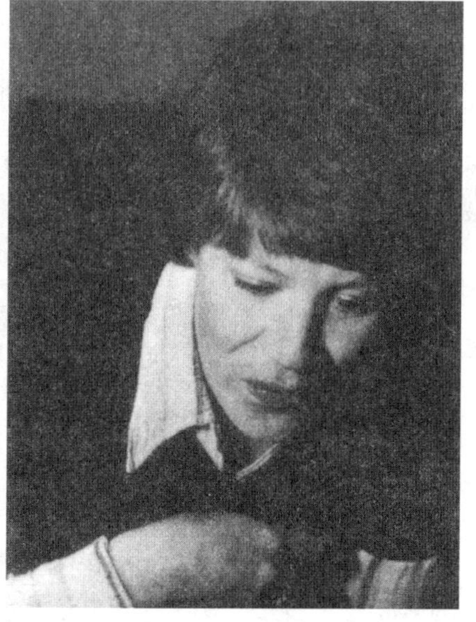

母子对话已经进行了 25 秒，乔西仍然保持着和妈妈的对视，兴趣盎然，还没有表现出想要结束的迹象。

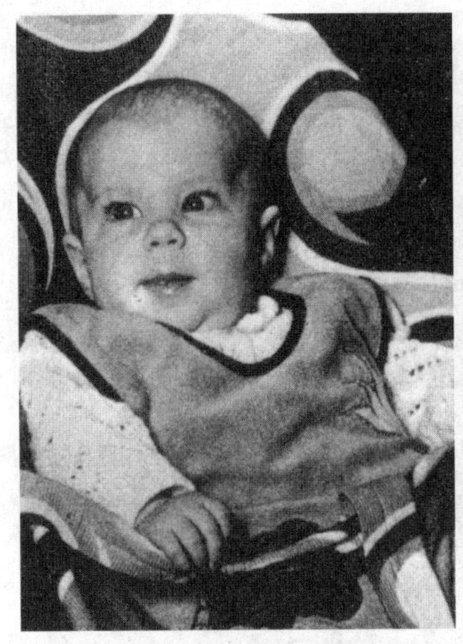
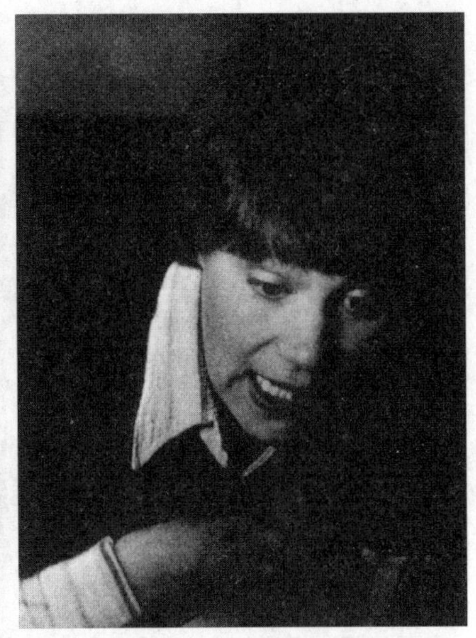

过了 40 秒，乔西转移了视线，结束了这次对话游戏。很可能，她需要将刚刚游戏中接收到的信息消化一下。不过，妈妈继续呢喃，过了 6 秒钟，乔西再次看回来，开始了第二次对话游戏。妈妈一直在主导互动，宝宝同样扮演了主动的角色。

乔西张大嘴巴，抬起左臂抵在下巴上，小脚丫蹬了蹬。妈妈把手放了下来，说："漂亮姑娘……"

乔西的两只手都举了起来，腿也很快抬起来，吐出小舌尖。妈妈说："就是，你就是……漂亮小姑娘……你就是……就是。"妈妈一边说一边使劲儿点着头。乔西紧盯着妈妈。妈妈又说："小机灵鬼……你就是。"

乔西左手抓了抓衣角，右手手背盖在嘴上，然后望向一边。

妈妈继续笑着轻声呢喃，没有几秒乔西又看回来。母女对视着，乔西的嘴巴动了动，又吐了吐舌头。妈妈笑着说："小机灵鬼……"乔西也笑起来，两条腿兴奋地蹬踢着，她举起左手，拽了拽衣服，然后第二次转移视线。

不留意的人会觉得这次互动并没有传递什么有意思的信息，但进一步的分析表明母女间其实聊得很热闹。才两个月的乔西已经掌握了无声语言的基本规则。我们把母女互动的一些细节再深入剖析一下。

妈妈刚进来的时候，小乔西才刚刚睡过午觉，仍然睡意蒙眬。和大部分宝宝没什么两样，刚从睡梦中醒来的乔西也懒得搭理人。

妈妈轻声叫她的名字，碰碰她的脚丫，乔西和妈妈开始对视，而且很严肃地看了 5 秒钟以后才活跃起来，决定和妈妈玩一会儿。慢慢地，她的动作越来越活泼，仔细观察着妈妈，还准确模仿妈妈为了吸引她注意而举起手的动作。妈妈的手举起时乔西的手也抬了起来，妈妈的手放下时她也几乎同时放下了自己的手。

妈妈说“漂亮姑娘……”时清晰地吐出 4 个音节，乔西的手脚动作也同步配合着每个音节。妈妈说“漂”字时乔西开始抬起右手蜷起左膝向上抬腿，她嘴巴张开，很快乐的样子。妈妈说第二个字“亮”时，乔西的两只脚都抬了起来，妈妈说到“姑”字时，她的腿已经开始放下来，右手举到身边，好像是乐队的指挥在引导妈妈说话一样。到了最后一个字“娘”，乔西拍着两只手，手指触碰着，双脚猛然放下。此时，乔西和妈妈已经完成了布雷泽尔顿博士发现并整理的 5 个母子互动环节中的 4 个，这 5 个环节分别是：初步启动、互相确认、彼此招呼、对话游戏和互动结束。

这次妈妈通过轻轻摇摇乔西的脚丫启动了对话，但两人都可以通过不同方式主动开启互动，比如妈妈可以冲着乔西笑笑，乔西也可以自己笑笑或者发出声音来吸引妈妈的注意。

接下来是 6 秒钟的对视，在这个互相确认的环节，妈妈会说笑着，宝宝也可能精神抖擞或者情绪低落。乔西认出了妈妈并且答应玩一会儿，所以她微笑着马上活跃起来，给妈妈发出了明显的信号。进入对话游戏环节，乔西很愉快地配合着妈妈的话语和动作。这个环节一直持续了 25 秒，然后乔西中断了对视，转移视线望向左边。对于她来说，这一轮对话已经画上句号。此时妈妈的反应是接过话筒，语音和动作更加夸张。6 秒钟之后，乔西转过头来再次看着妈妈，对视 3 秒后，她用嘴巴和舌头的动作再次和妈妈打了招呼。稍微伸出舌尖或者吐出舌头的这种嘴唇和舌头的动作是学说话前婴儿的早期动作，他们在训练自己的发音器官来发出语音。也有时，这种动作和四肢的动作一样，不过是在模仿妈妈的表情和手势。

爸爸妈妈——尤其是妈妈，和宝宝说话的方式相当独特，她们会把动作放慢，而且每个动作都更用心。就像刚才案例里的妈妈，不断重复简单的字词，还给每个词配上动作。这些动作不但突出了这些字词的节奏，也强调了每个单字，比如乔西的妈妈说“就是，你就是”的时候吐字非常清晰，而且配以夸张的点头晃脑，她胳膊的舞动缓慢清晰，让我想到大家和外国人讲话时夸张的手势。这种刻意夸张的姿势毫无二致，就像是把肢体语言的音量调大了一样，对于帮助孩子尽快掌握急需的肢体语言来说不可或缺。

有些研究母子互动的科学家认为，这种互动不算是真正的对话，只是“假装”的，他们坚持认为“压根儿没有真正的沟通，无非是妈妈装得好像有那么一回事，然后就演出了一个套路而已”。对我来说，这个意见值得商榷。这么想也没错，爸爸妈妈在和宝宝交流时确实要主动。但同时，父母和宝宝都从中收获满满，爸爸妈妈故意放慢速度给宝宝提供机会来观察和模仿不同的肢体语言，宝宝不仅学习到对话的基本结构，当他们的模仿得到爸爸妈妈的欣喜肯定时，也在快速地学习掌握多种肢体信号。

爸爸妈妈同样获益匪浅，大部分人喜欢逗孩子玩，谁不喜欢听到宝宝咯咯的笑声，看到他们灿烂的笑容？

既互通了信息又让彼此愉悦，有了这两点，我认为已经构成有效对话了。

那么没有指点，普通人能从这样一次互动中注意到多少信息？答案是，稍微留心一下，其实能够观察到不少有意思的地方。

要特别留意宝宝如何模仿你的动作，尤其是你的嘴部动作和手势。记得要让自己的信号足够清晰，很多妈妈都会自然而然地放缓夸大自己的动作，这样宝宝就可以很容易看到这些动作，然后进行模仿。模仿微笑相当重要，我们专门放到下一章里介绍这一项宝贵的社交信号。

也要留意上面说的 5 个环节的每个步骤：初步启动、互相确认、彼此招呼、对话游戏和互动结束。留意一下对话如何开始，是你带头的还是宝宝主动开始？注意一下彼此如何快速确认，进入招呼和对话环节。如果你自己是位妈妈，不妨先去观察一下其他妈妈如何和她们的宝宝互动，因为你很容易和自己的宝宝玩得高兴，忘了注意这些步骤。

亲子互动中的这些环节如何无缝连接形成自己的节奏一言难尽，你需要参与其中并且亲自观察，就可以很快注意到活泼的宝宝和敏感的妈妈对话时浑然一体的彼此配合和完美节奏。

浪漫小说和儿童产品电视广告总会把育儿描述成一件简单、快乐而且美好的事情，育儿室永远洒满阳光，宝宝总是乖巧听话，而妈妈永远整洁光鲜。现实呢？无须别人提醒，大家都清楚事实并非如此！养家育儿的辛苦的确值得，但也不需要粉饰轻松，宝宝似乎永远喂不饱哄不够，再有耐心和爱心的妈妈也会有不胜负荷的一刻。

在刚出生的头几个月，宝宝每时每刻都需要爸爸妈妈的关爱和照顾，像块海绵一样只顾索取不会回报。但其实，宝宝不是只会被动接受，他们从一出生起就渴望与人交流。亲子对话游戏会增进爸爸妈妈和宝宝的感情交流，益处良多，让宝宝发育更快也更自信，爸爸妈妈会发现宝宝越来越接近自己的期望，自己和宝宝可以更默契地一起去探索世界，享受生活。

# 第四章　揭开微笑的面纱

微笑是最常见的社交信号。宝宝时不时就笑，毫无征兆，大人也不当回事。如果你要问一个家长，宝宝什么时候会笑或者为什么会笑，对方很可能觉得莫名其妙，甚至有点懊恼。他们会认为这有什么好探究的，宝宝难道不是和大人一样想笑就笑，高兴时笑，激动时笑，友善时也笑吗？不过，稍微对微笑多点了解，你就不会这么妄下结论了。微笑诚然是快乐和愉悦等情绪的表现，同时，一些负面的情绪同样会导致这一表情。宝宝的笑脸背后或许隐藏着难过、焦虑等情绪，或许只是要掩饰愤怒好斗的心态。笑容的含义不仅可以是无忧无虑的快乐，也可以是提心吊胆、无所适从。事实上，我们越研究嘴唇的这个微小动作，越会发现其微妙和复杂。

宾夕法尼亚大学的雷·伯德惠斯戴尔（Ray Birdwhistell）教授在他的《身势学及其语境：肢体动作沟通论文集》（*Kinesics and Context*）中写道："刚涉猎关于'微笑'的研究，我就发现自己身处迷宫的乱麻一样越发解不开。仅从表象来看，微笑的信号价值已经众说不一。即使最原始的观测得出的数据都相当难以剖析。"

微笑的起源本身就是一个谜。业界的猜测不少，接下来我会把这些猜测逐一介绍，但是没有达成共识。唯一能达成共识的是，笑真是一门复杂的学科。并不是这个动作有多么难，对于小朋友来说，和成年人一样，在正确的时间恰当的场合适度地笑太复杂微妙，笑的时间场合不对比该笑的时候笑不出来更尴尬。

伯德惠斯戴尔教授在美国南部各州对大家的微笑进行调研，发现在一个州司空见惯的笑脸到了另外一个州却会得到完全不同的反应。

在亚特兰大市里，一位年轻女性冲着陌生人微笑大家会觉得很平常，但如果把场景挪到纽约州的布法罗市，同样的举动就会被认为相当轻佻。伯德惠斯戴尔教授说："在一个地方，人们看到有谁面无笑容会过去问他'是不是有什么不高兴的事？'但到了另一个地方，大家见到一个满面笑容的人又会问'什么事情那么好笑？'"由此可见，对微笑的解读可以是"快乐""友好"，也可以是"怀疑""笑话"，因人因地而异。

即使美国相邻的两个州，跨过州际线，大家的微笑频率和幅度也大不相同。伯德惠斯戴尔教授走上不同州、不同城镇的街头进行观察，发现俄亥俄州、印第安纳州和伊利诺伊州的中产阶层要比居住在马萨诸塞州、新罕布什尔州和缅因州同样阶层的人更经常微笑，而后面这 3 个州的人和纽约州西部的人相比，又更爱笑一些。微笑最多的城市是亚特兰大市、路易斯维尔市、孟菲斯市和纳什维尔市。不过，即使在同一个州的不同城市，大家的微笑频率和幅度都有变化，翻过一座山头或者沿高速路走过几百公里，就可能从处处含笑的地方进入一个面色凝重的地区。当地那些早已无法考证缘起的独特传统或许是导致这些差异的原因。

父母传给下一代的远不止是基因、态度和意见。孩子的笑容多少同样在很大程度上取决于家庭氛围，爱笑的父母往往会有爱笑的孩子，另一方面，表情严肃阴沉的孩子也总是来自不苟言笑的家庭。等他们长大成家生子，这些孩童时代养成的微笑习惯同样会继续传给自己的下一代。

## 笑容初绽

微笑是很独特的人类才有的信号，其他动物不会使用。虽然一些猿类，尤其是黑猩猩，偶尔貌似会露齿微笑，但实际上，它们露出牙齿的表情往往是威胁的暗示或是妥协的表示。

微笑的信号复杂高深，恰如达·芬奇笔下蒙娜丽莎的神秘莫测，同时微笑的魅力不容置疑。微笑是最普通的社交信号，根据达尔文在不同地区的观察，所有社会的宝宝都会微笑，同时，微笑也是最直接有效的信号。

和哈欠一样，微笑会传染。有一首老歌好像就是这么唱的："你微笑，全世界也对你笑。"虽然伯德惠斯戴尔教授的观察以及自身的经历，告诉我们实际情况不见得如此。但我们一般还是喜欢和总在微笑的人相处。大人们经常会夸一个孩子"笑容灿烂"，爸爸妈妈总是希望家里的孩子笑面如花而不是眉头紧锁，可惜孩子不是超市的水果，没的选。

那么微笑的巨大魅力来自哪里？部分答案是我们与生俱来就受这个表情吸引。在上一章，我描述过小宝宝的长相会让成年动物母性大发。同样，宝宝会在看到大人时本能地微笑起来。新生儿对大人的脸尤其好奇，出生不到几个小时，宝宝就会寻找并且会专注研究周围人的脸。一开始，简单的面部特征——比如一个圆圈里面的黑点表示眼睛，短线表示鼻子和嘴巴，就会让宝宝注意起来。但是过不了多长时间，就必须画得再精准细致一些，才会让宝宝持续感兴趣。当孩子再长大一些，他们会更挑剔，也会更经常露出微笑，含义也更加丰富。刚出生时，他们的嘴巴动一动，大人就会认为孩子在笑，或者误以为孩子在笑。这些动作自发地发生，并不是因为大人说了什么或者做了什么，所以父母们大部分时候并没在意。直到孩子学会和爸爸妈妈互动做出类似的动作时，爸爸妈妈才认为他们是在微笑。可是，这种解读正确吗？孩子是在出生后不久就会通过微笑来互动？还是只不过动了动嘴巴，而心切的爸爸妈妈自作多情，过度解读而已？

一直到20世纪60年代，专家们普遍认为，新生儿的微笑像是沙漠里的海市蜃楼，不过是爸爸妈妈的幻觉。妈妈们再强词夺理争辩说，宝宝的微笑自己看得一清二楚，也无法作为扎实的证据。当时，大家都认为小宝宝完全以自我为中心，对于交际毫无概念，像小动物一样，根本不会做出微笑这样复杂高深的动作。专家们认为，对于这个动作的合理解释是宝宝在打嗝，而父母从大人的角度把宝宝的这种胃气逆反误认为是笑容，而宝宝们也逐渐注意到大人们会对他们这些不经意的嘴部动作做出积极愉悦的反应。他们只需要将嘴角向上扬，就可以让大人乖乖地把他们抱起来开始说说笑笑。大人与孩子的这种互动会逐渐促使宝宝更经常性地重复这个动作。这个理论的基本意思是，宝宝最初的打嗝逐渐在爸爸妈妈毫不知情的脉脉温情中演变成了微笑。

但这个理论让人难以接受的地方在于，生来就失聪或失明的孩子，同样会和生理健全的孩子一样微笑。即便是“海豹畸形儿”，他们从一生下来就很不幸，无法看到、听到，甚至无法对爸爸妈妈的抚摸做出反应，但仍然会露出微笑的表情。所以，这个理论所称的，孩子由爸妈反应刺激而学会微笑的观点站不住脚。

在现代科研人员看来，更合理的解释是，微笑是人类独有的与生俱来的一种反应，当然，后天习得也功不可没。大人对于微笑的反应如此积极，宝宝很快就会发现其重要价值，但是，即使没有他人外部的不断巩固，宝宝很快就会自发掌握微笑的社交功能。根据这个理论，宝宝早期的嘴部动作的确是真诚的笑容，反映出的是孩子的心智发育而非消化状态。

在经过对猿类和猴子的进一步研究后，这个理论得到更多支持。猿类和猴子的嘴部动作相当丰富，而且每个动作都具有明确的社交信号功能，可以是互相问候、谄媚进攻者，或者是发出威胁。人类的微笑可以涵盖所有这些信号，但是，和猿类或猴子显著不同，我们会用微笑来表达真实的发自内心的快乐和愉悦。

那么，宝宝的第一个微笑又因何而起呢？一些心理学家认为，第一个微笑的含义或许并非意味着欢乐，而是愤怒。他们的理论是，从温暖的子宫被赶出来，进入一个冰冷的世界，让宝宝愤怒无比，所以会龇牙咧嘴！的确，被迫离开舒适安全的母体，进入嘈杂可怕的世界很难让人开心，但是我采访过的爸爸妈妈没有人愿意接受这种理论，觉得这种说法简直就是无稽之谈。他们认为，宝宝的第一个微笑本意是友好的，具有社交性。我同意他们的看法：宝宝的第一个微笑反映出的是他们的满足和愉快，而不是敌意和愤怒。

很有可能，微笑从最初起，是我们长毛的祖先们彼此示好的信号。生命，对于原始人而言，不过是利齿尖嘴间淋漓的鲜血，嘴巴的功能和四肢没什么不同，武器而已。所以，石器时代的邻居见面也需要表示友善，打个招呼。他们用其他灵长类动物同样使用的嘴巴来做出不同的动作，放松唇部露出闭合的牙齿，意思是：“看我的嘴，我不会咬你，不会对你造成威胁。”就像最初摊开空空的双手演变成握手一样，这个会让彼此放松的信号逐渐变成了具有仪式感的微笑。

大家都会倾向于喜欢让自己稍微放松一点儿的事情。微笑能减缓或消除彼此的紧张，所以很容易流行起来，逐渐被赋予了强烈的社交意义，变成今天重要的人际信号。我们会在友好的会面中微笑，在可能存在敌意的场合板起脸来。我们面带微笑去和陌生人见面，这样会打破冷场，让彼此都轻松下来。微笑会让父母知道宝宝心满意足、健康无恙，他们无须担忧，而且笑着的宝宝要比严肃的宝宝更好看，比哭闹的孩子更惹人疼爱。所以，爸爸妈妈对于宝宝的微笑也同样会欣喜对待，从而你来我往。很快，这种互动就变成了重要的无声信号。

## 观察宝宝的笑容

如果真心想要学习掌握这门秘密语言，必经的一步是观察宝宝的笑容。这一步不仅仅是简单地注意到孩子笑就够了，而是要带着问题去专注地观察，去看去想孩子为什么会笑起来，什么时候、在什么地点笑起来，尤其要注意孩子是怎么笑的。

微笑是无声语言里最有用的词汇之一。要准确理解这种词汇，请牢记以下几点：

首先，一定要把笑容和其他的无声语言信号，特别是目光、体态、距离等放在一起来看，在准确的语境里，才能恰当理解其含义。宝宝笑的时候，视线所到之处和站姿会透露出这个微笑的真实本意。眼睛细微的变化，面部和其他肌肉的轻微紧张或放松，都会极大地改变笑容的含义。

其次，要把微笑放在一系列动作里去解读。任何无声语言都不会独立发生。一条信息再貌似毫无头绪或突如其来，也必定有缘起。只有注意到这个笑容之前的那些动作，并且仔细观察随后如何继续，才能完整地拼接出孩子想要传达的信息。

我们也必须精准地研究笑容本身。试着请身边的朋友描述一下微笑是怎么回事，他很可能会说："嘴角会上扬，嘴巴有时稍微张开，露出牙齿。"这个说法一点儿不差，作为日常场景的描述也相当不错。但是，如果我们要达到精确的理解，就必须细致地观察分析每一个微笑。举例来说，你得注意到牙齿如何露出，是上面的一排牙齿露得多，还是下面的牙齿露得更多，也得注意到微笑的时间长度，以及笑容何时、为什么停下来。

笑容的强度由几个同时发出但不同的信号来决定。一般来说，我们无须分解整体的笑容就可以很快辨识笑容的强度，看出对方是发自内心真诚的笑容，还是出于礼貌惺惺作态而已。

既然我们的目的是要正确解读这门秘密语言，还是很有必要留意会影响肢体语言或笑容强度的主要细节：比如视线方向和停留时长、嘴唇的动作幅度、笑容的时长，还要特别注意眼睛周围肌肉的细小变化。眼睛对于笑容有很大的影响。

好像要注意的事项真不少，不过实际操作起来反而要比理论知识听上去容易得多，说白了主要是练习完善自己的观察能力。一位画家朋友曾对我说，他的技能并不在于双手的娴熟灵巧，而是眼睛的敏锐洞察。他说："任何人都可以画画，训练双手听话并不难，难的是教会眼睛去发现。"

观察笑容也是这么一回事。

## 笑啊笑啊笑不够

对几种不同微笑的描述就像人物速写一样，可以帮助大家大概做个参考，正确地辨识宝宝的笑容，但不能一概而论。请记住，没有哪两个宝宝的笑容是一模一样的，而且，肢体语言的排列组合纷繁复杂，其中任何一点儿微小的不同就会改变这个笑容的含义，同时改变整体动作的含义。每一个笑容，就和那个笑着的孩子一样，是世间的唯一。大部分时候，某个笑容很可能表达的是某一种特定的情绪，传递某个具体的信息。

下面对笑容的描述按照强度排序，强度在这里指的是情绪的强度。笑容的强度越高，传递的信号就越强。但是从一种转变到另外一种不同强度的笑容，并不能简单理解为这是相同的信息以不同强度传递而已。可能性更大的是内容已经完全不同。比如，一个“浅笑”的小男孩或许有些不安，但是他“咧嘴笑”的时候，并非紧张加剧，反而是开心了。同样含义信号的强弱变化会以表情的明显变化表现出来，尤其是嘴唇和眼角肌肉的不同。细微的面部变化有时不会改变整体表情，但会增加或减弱同一种笑容的强度。就像是把无声语言的音量调高或调低一样，宝宝在发送同样的信息，只是轻重缓急的程度不同。

*初笑（Early Smiles）*：在刚出生的前几周，宝宝只会在困了或者睡眠不太规律时在梦里露出笑容，这些笑容是自发的，并不是对外部听觉和视觉刺激的反应。他们的嘴角似翘非翘，有时候旁人也的确没觉得那是笑容。有些心理学家认为，这些嘴角的动作是宝宝在打嗝排气，而正如我解释过的，其他心理学家把这些动作看作宝宝先天的社交互动。这些笑容之间往往会有至少 5 分钟的间隔，就好像他们在心里慢慢酝酿，

以一个笑容释放出来，然后再开始慢慢酝酿下一个笑容。在宝宝刚出生的前 10 天里，这种笑容间隔的时间最长，随着他们长大，这种笑容逐渐频繁起来。

*弯月笑（Croissant Smiles）*：宝宝在 5 周大的时候会第一次露出弯月笑，但他们长到 4 个月大的时候，才能真正完全掌握这个笑容。他们把嘴角向后拉，上下嘴唇中间微微露出小缝隙，两边的嘴角轻微上扬，就像一弯新月。宝宝一般在和成人互动时露出弯月笑，表明他们在和大人打招呼或者是想做游戏了。这种笑容表示宝宝和别人互动时开心又兴奋。把这句宝宝密语翻译成白话就是："真好玩……很开心。生活真美妙！"

*浅笑（Simple Smiles）*：浅笑从弯月笑演变而来，一般在宝宝 6 个月时能够观察到，有时候早在宝宝 12 周的时候就会露出浅笑。和有时无法读懂的弯月笑相比，浅笑更像笑容，也更积极欢乐，所以爸爸妈妈们看到时也会更兴奋。这时的宝宝也已经掌握了他们第一个成人世界的信号。再过几个月，弯月笑就会消失，但是浅笑不会消失，他们到儿童或是成人，都会偶尔露出浅浅的笑容。

宝宝一般在和成人打招呼或者游戏的时候露出浅笑，也会在和其他小朋友互动时露出浅笑。这个笑容表达的是对当下的满足和愉悦，或是对意想不到但很好玩的事情反应出来的激动。比如，大人和宝宝玩"捉迷藏""躲猫猫"或者"找玩具"之类的游戏就会让宝宝很激动地露出浅笑。宝宝也会在自己玩儿玩具的时候露出浅笑，这一般要等到他们 8 个月或再大一点儿的时候。

形成浅笑，嘴角要向后再向上扬，上下嘴唇中间缝隙的大小会根据笑容的强度而不同，但是和眼神一起配合，嘴唇也不需要分得很开，变得热情洋溢。浅笑和弯月笑的不同是，不仅仅是嘴唇微微分开，而且嘴唇会咧开，露出一点儿上牙。浅笑露出的牙齿最少，而随着牙齿露得越多，这个笑容就会变成露上齿笑或咧嘴笑（参见下文）。

等到宝宝开始满地爬着和其他小朋友玩耍时，浅笑就完全变成了独立的社交信号。宝宝彼此之间，宝宝和大人互相打招呼都会浅笑，表达愉快或礼貌性的问候。不过要注意，浅笑的强度不同，会引申出两种不同的含义。这个区别并非由嘴唇的不同动作产生，而是通过笑容的长短以及配合的其他肢体语言完成。强度较低时，浅笑传递出宝宝一些不确定的感觉；强度较强时，宝宝表现出的是充满期待的兴奋和自信。

## 低强度浅笑

宝宝露出这样的浅笑是在表达一丝犹豫和不自信，比如一个腼腆的正在蹒跚学步的宝宝在观察其他孩子玩耍时会有这样的笑容，或者是刚上托儿所才几天的孩子和大家做游戏时不那么踊跃，也会露出这样的低强度浅笑。他们很想参与进去和大家一起玩，但是还缺那么一点儿主动迈出第一步的勇气。即使是很自信的宝宝在第一次见到陌生人时也会发出类似的信号，比如第一次见到托儿所阿姨或老师，宝宝会浅浅地笑着表示友善，同时又对接下来即将面临的情况不大确定。

低强度浅笑的嘴唇动作基本和中等强度或者高强度浅笑一样，但是嘴角的上扬程度或许稍微小一点儿。主要的不同在于笑容的时长、宝宝的姿态和看别人的眼神。笑容和眼神一样稍纵即逝。只要别人不盯着他

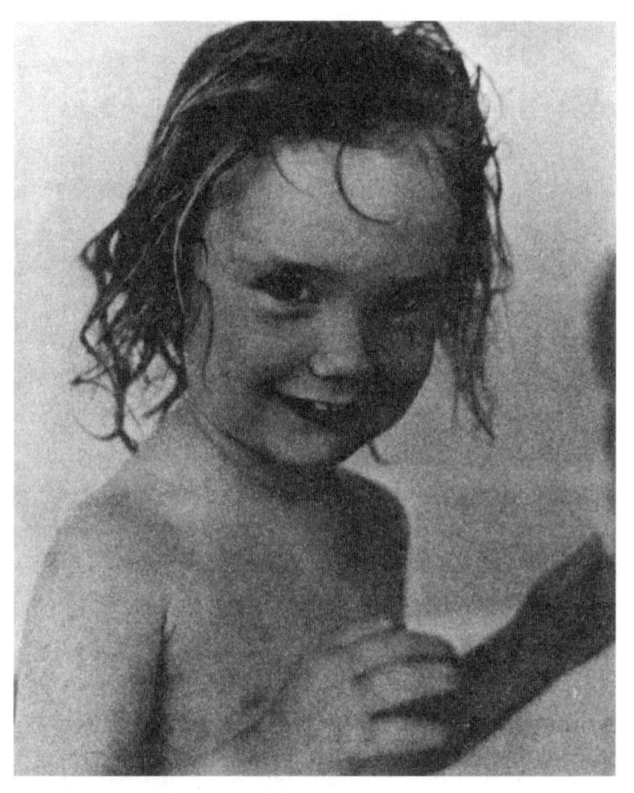

低强度浅笑。这个两岁的宝宝态度友善，但有些犹豫。他的姿态、笑容的时长和嘴唇的动作清晰地传递了这些信号。

看，宝宝可以长时间专注地观察其他小朋友或成人，可一旦有人向他的方向看去，宝宝可能会立即恢复严肃的表情，转移视线甚至离开。低强度浅笑表达的并不是害怕，不是局促不安，但的确表示宝宝对身处的环境感到不大自在。这种肢体语言很可能是自身情绪的表达，而不是针对某一特定的人刻意传递的信息。但是，一旦和快速的目光对视——比如和成人、年龄稍大的孩子，或者是同龄但更凶的孩子的眼神对视结合起来，这个笑容立刻成了一则故意传递的无声信号。在这种情况下，低强

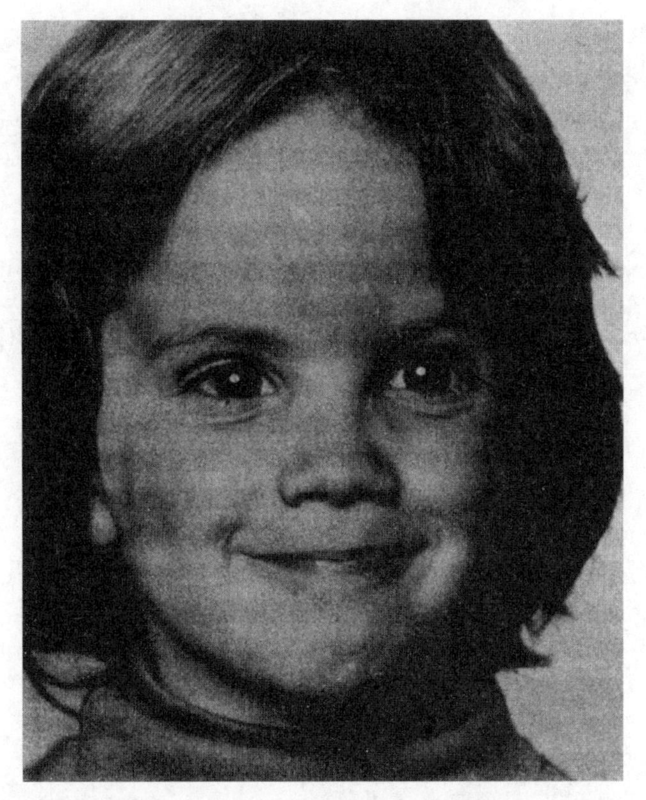

这个 4 岁男孩的浅笑属于中等强度，表达着友善但不过度热情的问候。他的嘴角虽然向后拉，但嘴唇抿着，没露出一点儿牙齿。

度的浅笑再配合恰当的肢体动作（详见第六章），就形成了一个讨好的信号。宝宝想表达的是："不要在意我……我不会捣乱，不会惹麻烦。请不要理我。"

## 高强度浅笑

紧张不安的浅笑像小火苗一样稍纵即逝，自信快乐的孩子的高强度浅笑却像是一座明亮的灯塔，往往在自得其乐的孩子或者是随时准备加入其他小朋友一起玩耍的孩子脸上闪耀。这时，宝宝的嘴角向两侧拉得更大，也更明显地向上扬起，嘴唇分得更开，表情和目光也更沉稳。孩子的姿势放松但保持灵活，显然，对于眼前所见相当愉悦，对于所处环境也没有警惕。当与认识的成人四目相对时，孩子的眼睛会眯起来一点儿，笑容的热情度随之上升。在托儿所待了一天的孩子跑着扑向妈妈怀里时，脸上往往就是这样的笑容。有些孩子看到自己喜欢的叔叔阿姨也会露出一样热情的笑容。

当孩子双眼睁大、眉毛高耸，这个浅笑的强度就意味着兴高采烈的

这个 3 岁的男孩果敢自信，他看其他小朋友在玩，想着自己是否要加入，他的脸上带着高强度的浅笑。

惊喜和期盼。爸爸出差回来对宝宝说："猜猜爸爸给你带什么回来了？"随着礼物从包里拿出来，包装纸被撕掉，宝宝浅笑着，眼睛越瞪越大，眉毛也越抬越高。等礼物真的出现在宝宝面前时，宝宝的嘴巴会张得合不拢，笑容就变成了更加兴奋快乐的露上齿笑或咧嘴笑了。

当一直在观望的宝宝决定加入其他小朋友玩耍的那一刻，也会出现类似的从高强度浅笑过渡到更高强度的咧嘴笑。宝宝一边往前凑，身体也愈发紧张，肩膀绷着，双臂低垂，双手半握，和一个高台跳水的选手在台上最后一跃之前的聚精会神毫无区别。

## 抿嘴笑

这种笑容和浅笑很像，嘴角向后拉的幅度也差不多，但是嘴唇抿得很紧。抿嘴笑翻译过来的意思是："天啊……"也许是因为看到成年人做出什么滑稽的动作，甚至是摔了一跤等不幸的举动，宝宝实在忍不住，就会露出这样的笑容。宝宝其实是想放声大笑的，但又碍于情面或者害怕被责骂，所以努力抿着嘴。一般会这样笑的孩子年龄稍微大一点儿，有四五岁的样子，他们已经明白在这种情况下公开幸灾乐祸不会有好果子吃。比如，之前看到老师趔趄了一下把抱着的书掉地上了，小姑娘忍不住咧嘴笑起来，结果被训斥了一顿。老爸不注意一屁股差点坐在猫咪身上，小男孩忍不住笑了出来，结果挨了一顿骂。于是，他们俩以后再看到类似的不幸遭遇很有可能充其量只是抿嘴笑笑。让大人丢脸或者是让小朋友觉得滑稽的事情，会让宝宝忍俊不禁，但是他们会很快拿手捂着嘴或者转过头去。四五岁的小朋友在和大人说起自己觉得不太适合公开讨论的话题时，也会抿嘴笑着隐藏自己的难为情。4 岁的小男孩在幼

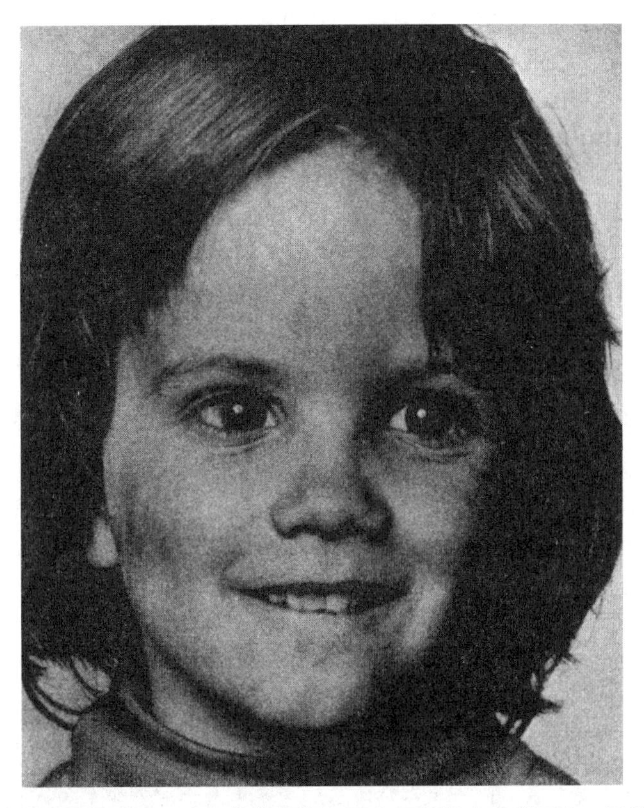

孩子的下嘴唇包住下牙，表示将信将疑，而上牙轻轻咬在嘴唇上，更增加了这种怀疑的程度。他的眼神和眉毛的位置同样是这个无声信息的重要组成部分。

儿园换了衣服准备回家时可能会说："我看见玛丽的屁股了！"其他小朋友咯咯地笑起来，但是这个直接和老师及家长对话的男孩却只抿着嘴没有笑出声。

孩子抿嘴笑没什么不对劲，但如果这种相对的压抑比自在的笑容更频繁，而且和第六章里讲到的忧虑信号相关的话，就可能表示这个孩子在畅所欲言地表达方面有些困难。这种反应往往是由于父母或老师出于社交或者信仰等不同原因，认为公开表达逗乐的情绪不礼貌、不庄重或者不恰当，所以不鼓励孩子如实传达这种情绪。但是这种情绪的压抑对于孩子的成长和发育来说相当有害，父母和老师需要去找找孩子不敢表达的原因所在。

## 露上齿笑

顾名思义，露上齿笑就是把上唇向后拉露出上排牙齿的笑容，不过这个信号的重要标志不是上牙露出来，而是下牙未露。猿类在准备进攻时，往往会把下牙龇出来，警告显而易见："小心点，我要咬了！"小孩

这个孩子应要求露出一个露上齿笑，虽然嘴唇的位置和真心的露上齿笑没有不同，但他脸上其他部位没有什么表情。可以和第83页发自内心的露上齿笑做个对照。

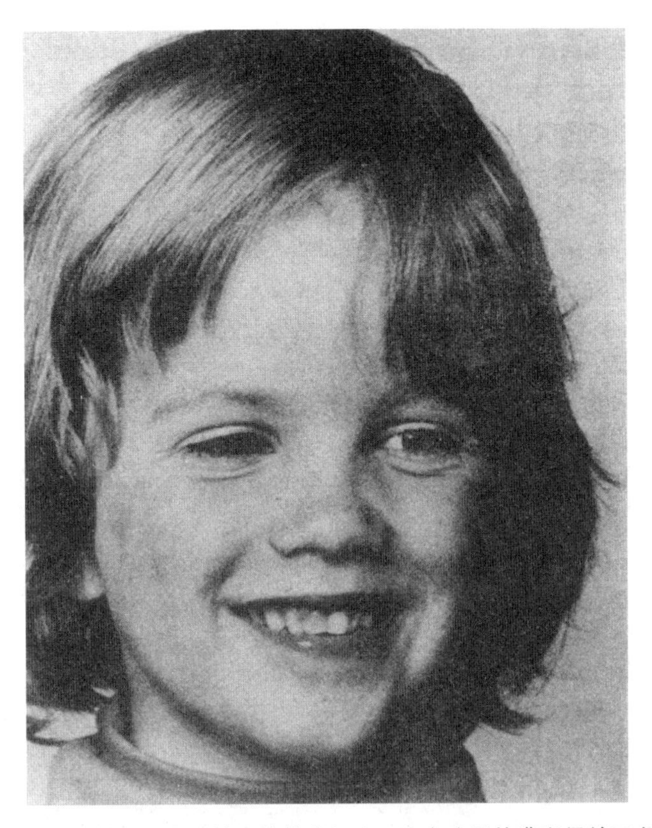

很温暖的露上齿笑。虽然和前面的笑容相比，这个孩子的嘴张得并不大，但是眼部肌肉的变化让这个笑容的强度增加了许多。他的眼睛眯起来，两只眼睛下面都出现了细小的褶皱。这些都是发自内心的笑容的标志。

子同样会用下唇做出类似动作来发出威胁，所以露上齿笑的重要之处就在于下牙被遮盖住了，确保他人明白这个笑容的本意是友好和善的。这好比在古代武侠片里，剑客会把剑留在剑鞘里，看不见兵器就没有战争。

虽然嘴唇的具体位置以及周围其他的信号会影响露上齿笑的具体含义，但其最普遍的意思还是在打招呼："很高兴见到你，我是友善的。"

嘴唇向后拉，嘴角微微上扬，嘴巴部分张开，就形成了这样的笑容。

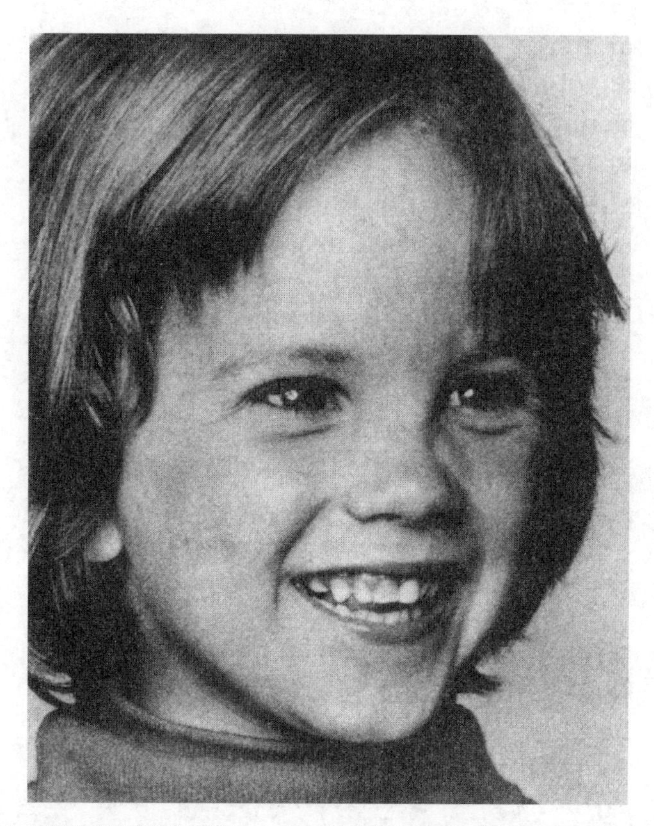

这是露上齿笑向咧嘴笑的过渡：上牙已经全部露出来，但是下牙只露出一点点，眼睛眯得更细，眉毛也挑了起来，这个表情的热情度更高。注意一下孩子眼睛下面肌肉的小褶皱。

低强度的露上齿笑，上下牙还是合着的，但是只露上牙。这个笑容再加上专注的眼神对视，就发出了一个友善的信号。宝宝在遇到一个朋友或者看到一个不太喜爱的大人时会露出这样的笑容，比如普通的亲戚或爸爸妈妈的朋友。小朋友见到关系更亲密的大人，比如妈妈，会露出强度更高的露上齿笑。不过，观察宝宝的露上齿笑时一定要细心，即使再乖的孩子有时也会假笑，也就是说，这个笑容只是应付大人而非孩子真的开心。这种假笑我们姑且可以称为“冻茄子表情”，往往都是拍照时大人说“茄子”，孩子的表情就冻在那里。

“冻茄子表情”经常出现在那些无聊又疲倦却又被大人要求“高兴点儿”的孩子脸上。父母也许组织了一场郊游，可孩子没觉得多好玩，爸爸妈妈就会吼一声：“能露个好脸色吗？你知道这趟出来花了我多少钱啊？！”

有一些社交场合，大人会觉得孩子面无表情不太合适，也会要求孩子做出这种“冻茄子表情”来。“阿姨和你说话呢，别拉着个脸！”妈妈低声呵斥一句，孩子很听话，就表演一个笑容出来，但是对无声语言有任何了解的人，一眼就看得出孩子其实很委屈。

“冻茄子表情”僵硬呆板，和画在面具上的表情没有两样。虽然嘴唇向后打开，上牙也露了出来，但是面部一动不动。眼皮大多数时候低垂着，只偶尔抬头扫一眼。通过其他的无声语言信号可以看出，孩子其实是累了、厌烦了、生气了，或者感觉相当无聊。

一个笑容真诚与否，最容易暴露的是谁都无法直接影响的细微肢体动作。

在我们眼睛下面有一群小小的肌肉，真的开心时，这些肌肉会凸出来，在眼底形成小小的褶皱。这些肌肉并不受我们自主控制，也许我们可以动动嘴唇假笑，但无法让这些诚实的小肌肉配合撒谎。所以，要看孩子或者大人的笑容是不是真情流露，注意一下他们这些眼底的小褶皱吧。

用来打招呼的露上齿笑很真诚时，往往还伴随着短促的眉毛上扬。眉毛的快速上扬落下会将对方的注意力吸引到眼睛周围。我们几乎都不会意识到自己注意到了这个动作，但已经和对方四目相视，彼此的面部表情一览无余。宝宝在见到喜欢的大人或者其他同龄儿童时也会做出这个抬眉毛的动作。

露出更多的牙齿，嘴巴再张开一点儿，眼睛再眯起来一些，就会增加笑容的强度。请参考第 82 和 83 页的图片，你就可以看到这些细小的动作会让微笑的热情程度有所不同。下嘴唇包住下牙时，露上齿笑也能够表达善意的怀疑或突然的逗乐。宝宝对即使很放松友善的环境还有些许忐忑时，会露出这种笑容，而眼睛周围的肌肉没有任何变化。或者，宝宝玩腻了一件玩具，停下来思考接下来玩什么时，也会露出这个表情。

而把上牙轻咬着下唇，同时伴随抬起的眉毛和瞪大的眼睛，这个表情就变成了更强烈的惊讶或怀疑。随着嘴巴继续张大，眉毛越挑越高，眼睛瞪得更大，这个表情的强度也在升高。

通过眉毛、眼睑、下唇位置的细微变化，宝宝传递的信息会有相当大的不同，可以是礼貌性的疑问也可以是公开的质疑。这类露上齿笑总夹带着一丝焦虑或紧张。你可以注意观察一下那些看着马戏团小丑或者哑剧演员的小朋友的表情，虽然这些角色理应是好玩的，但是他们的表演动作往往过于荒诞甚至有些暴力，让小朋友不知所措。他们观看时会随着剧情睁大双眼、张大嘴巴、展现出露上齿笑，剧情越来越扣人心弦，气氛越来越紧张，直到那只被抛来抛去的大蛋糕吧唧一声稳稳地落在小丑的脸上，所有的紧张才一下子烟消云散，而此刻的娱乐程度也最高。

这种笑容所含的将信将疑也是很友好的，宝宝想说的是“我可不这么想，但是我愿意相信”，而不是“弥天大谎我可不信”。所以本意还是很好玩的挑逗，而不是恶狠狠的挑战。因为这些好奇的将信将疑来得快去得也快，所以爸爸妈妈一定要仔细观察，否则就可能把这种紧张和真正不愉快的紧张混淆了。这些信号的重要性在于他们会如实反映孩子的情绪，对于四五岁以上的孩子而言，父母的这种敏锐尤为重要。因为孩子长到这个年龄，基本都掌握了相当娴熟的社交技能，为了不遭人嫌，他们会把一些真实的态度隐藏起来。比如，大人严厉教训过男孩，他已经长大了不能像个婴儿一样哭哭啼啼，那么即使这个孩子内心再痛苦，脸上可能仍然面带微笑。当父亲的可能却在自豪地和别人说："他当然想去坐那个巨大的过山车。他不再是个小孩了，你看他笑得多开心！"事实上，这个笑容表示的是怀疑，而不是享受。

## 露下齿笑

露上齿笑时下排牙齿基本被下唇挡住了，但是露下齿笑时，上牙基本不会被挡住。露下齿笑和上下牙齿都会露出的咧嘴笑（详见下文）有微妙的不同。咧嘴笑时，嘴巴张得更开，但是，区别两者的最佳标志，是围绕这两种极易混淆的微笑的其他肢体语言。

露下齿笑是典型的糖衣炮弹，是刚刚吃饱肚子又开始想着下顿饭的老虎脸上的奸笑，孩子并未咧着嘴咆哮，也没有露出立刻要扑上去打架咬人的利齿。看上去，嘴唇的位置很相似，但是体态姿势和面部的其他表情让内心的攻击性暴露无遗。

这个无声的语言信号翻译过来就是："我想要……给我！"小朋友志在必得，但又想先礼后兵，唯一的游戏规则是自己必赢。在小伙伴面前维护自己江湖地位的小霸王很会利用这个信号，但是，再听话不惹事的孩子偶尔被逼到墙角也会露出下齿。平时，被欺负后，这些孩子的反应一般会是毫无理由的发怒或毫无征兆的拳打脚踢，是可忍孰不可忍，一旦被逼急了，他们会以这样的表情来宣战，告诉对方自己将背水一战。

具有攻击性的露下齿笑。这个孩子露出下排牙齿，传递出强烈的威胁。请注意他凝视的目光和绷成一条直线的眉毛。

当然，也只是自信一些的孩子才会以这个表情来下达最后通牒，更多底气不足的孩子会选择不宣而战。

露下齿笑的主要特征是露出的下牙比上牙要多，同时双目圆睁，目光紧盯对方，眉毛绷成一条直线，而且，有时候下巴也会向外伸出，肌肉紧绷，身体向着目标前倾。

面对这样一个凶狠的露下齿笑，不那么霸气的孩子一般会让步，交出玩具和零食，来化解对方的进攻。而旗鼓相当的孩子会识时务地选择退一步，以后伺机再来报复。或者，双方都不让步，推搡撕扯甚至拳打脚踢起来。如果小朋友冲着小霸王发出露下齿笑这样的信号，对方可能会毫不理睬或者过来欺负一顿。不过，这种强弱的社会秩序一旦建立起来，相对较弱的孩子在小霸王面前一般不会那么轻易挺身而出或者不做让步。这种信号的交锋，一般是彼此不认识的孩子第一次见面，或者是新学期的头几天。在这种场合，一场交锋下来，成王败寇的秩序就会排列出来，谁来发号施令，谁去唯命是从也就不言自明了。

小霸王们被大人要求或说服去做自己不那么心甘情愿的事情时也会露出这个表情。妈妈说："把你的菜都吃掉。"孩子抬起头来看着妈妈笑笑，但这个笑容并非妈妈以为的谄媚或者欢喜的笑容，而是在说："你这么逼我，我一点儿都不喜欢你。只不过你比我力气大，算你厉害。"

小霸王们在看着其他孩子游戏的时候，也会露出这个笑容，同时配以具有攻击性的姿势体态。这时，这种笑容并非主动发送任何信号给其他人，只是他们情不自禁的表现。但是，周围其他孩子一旦注意到这个表情，就会以为是针对自己的一个信号，本来胆小的会更紧张，原来果敢自信的也会警惕起来。如果这个笑容还加上目不转睛的紧盯，视线所及之处的孩子会更加恐慌或警惕。露下齿笑和所有其他的表情一样，一旦配合直接的眼神交流，含义和强度就会陡然上升。

## 咧嘴笑

仅一个笑容就能够表达的最高强度的喜悦或激动程度，一定是咧嘴笑。程度再高一些，就是哈哈大笑了，也就是配上音乐的咧嘴笑，或者

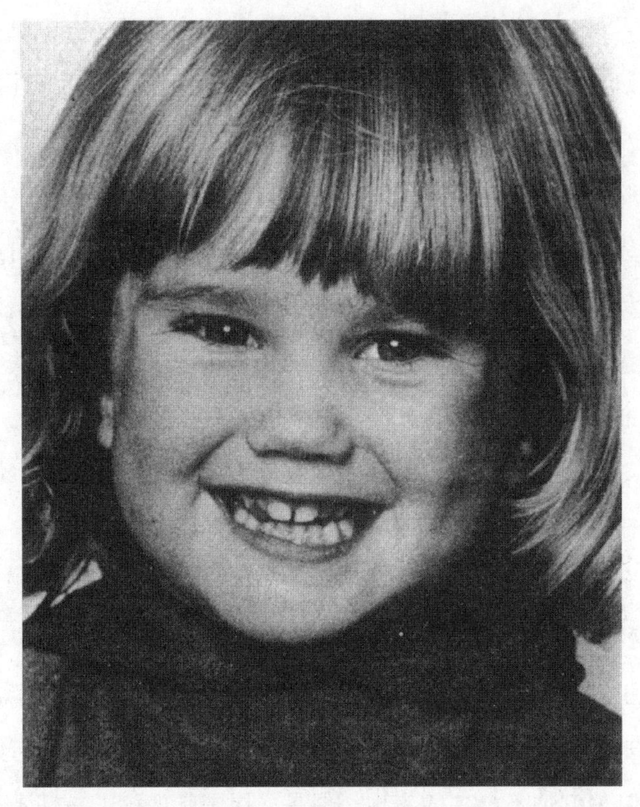

露下齿笑一转眼变成咧嘴笑，信号也就随之从凶狠变成愉悦。上排牙露了出来，眼睛也眯起来一点儿，但是这个咧嘴笑仍然残留着一点儿攻击性。和第 82、83 页的露上齿笑作比较，再和第 91 页更加温和热情的咧嘴笑比较一下，这些不同就明显了。

是无拘无束玩耍时宝宝忘情的陶醉笑容。

咧嘴笑时，宝宝会把嘴唇最大程度地向后拉，露出上下两排牙齿，根据兴奋强度的不同，上下牙齿有时咬合，有时分开。

咧嘴笑是最不具敌意的信号，宝宝往往会在和信任的伙伴尽情玩耍时露出。英国两位心理学家托尼 · 查普曼（Tony Chapman）和休 · 伏特（Hugh Foot）对此进行了广泛的观察研究，他们发现宝宝在和其他小朋

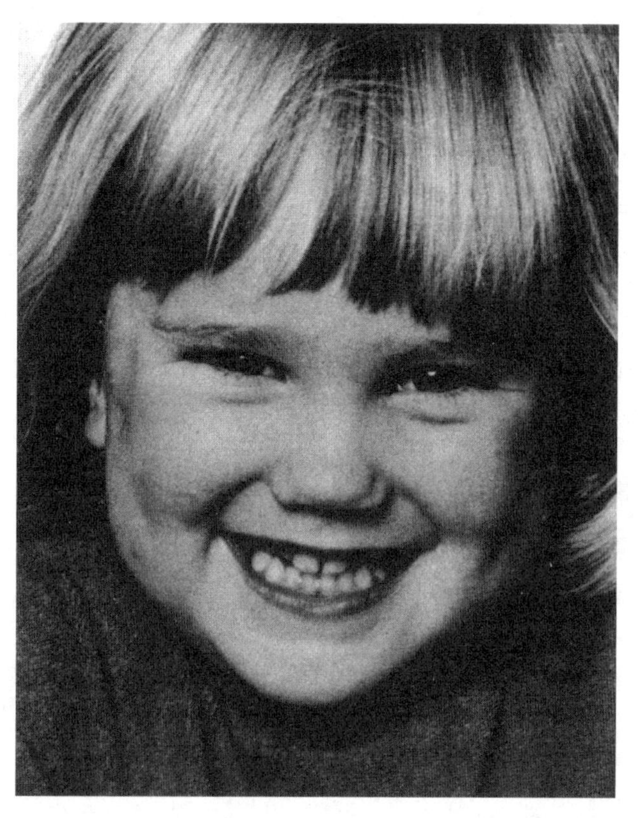

和 90 页的笑容相比，这个笑容显然更加友善热情，不过你能看出区别吗？孩子的表情有哪些微妙的变化，让我们产生了不同的感受？通过这些表情和肢体语言的细微变化，你可以发现笑容的真实含义。

友一起玩耍时咧嘴笑的次数远远比独自一人玩耍时频繁得多。他们给不同的孩子播放动画片并观察他们的反应，发现宝宝在独自看的时候远没有和其他小朋友一起观看的时候咧嘴笑得多。不过，研究人员也发现根据性别的不同，宝宝们的表现也有相当大的差别，虽然他们还无法解释其原因。无论是和女孩还是男孩一起看动画片，男孩们的笑容频率不会有明显的不同；但是女孩的身边如果坐着一个男孩，她们会更爱笑。

咧嘴笑是最具有感染力的笑容，一旦一个孩子开始笑，其他宝宝会很容易跟着微笑或笑出声来。而如果旁边有大人在笑，宝宝会更容易加入进来。事实上，爱笑的大人往往容易培养出爱笑的孩子。

咧嘴笑在愉悦的环境下，意思是："真好玩，好开心！让全世界都知道吧！"作为一种打招呼的方式，咧嘴笑表达出了无法比拟的快乐。如果孩子和你四目相对，眼睛眯起来，嘴巴咧开，那他就是在向你最大声地说着："你好！"

可以看出，笑容并不是我们以为的那样简单明了。虽然笑容仅仅是肢体语言的一个组成部分，但是这个组成部分绝对是无声语言里最重要的一点，是人与人相处时决定胜负的重要社交工具。下一章会讲到，掌握了笑容魔力的孩子，往往会笑到最后。

# 第五章　领袖的语言

艾伦和托尼才 3 岁，已经明白如何成为生活的赢家。一旦某件玩具落在他们手里，他们会先爬到滑梯上面，或者在教室里占据最好的座位，其他孩子一般不会轻易去争夺。在 5 岁以下孩子的世界里，艾伦和托尼是老大。

不过，他们俩之间的共同点也仅此而已。两个男孩都精于此道，但他们赢取地位的方法却截然不同，而其他孩子对待他们的态度也不同：一个受大家爱戴，另一个则是孤家寡人，大家避之唯恐不及。艾伦是位领袖，而托尼是个霸王。

托尼会颐指气使，推推搡搡，甚至连嘴皮子都懒得动弹就直接伸手去抢。一天下来，托尼总会挑起事端，不弄哭几个小朋友不罢休。所以，其他小朋友都躲着他，从来不会和他一起玩耍或分享玩具。托尼也很少加入大伙的游戏，大部分时候都是自己玩。

艾伦学说话比较晚，但是与人沟通起来自有一套，虽然没有油嘴滑舌、甜言蜜语，但他的无声语言运用得行云流水。艾伦几乎从来都用不着动手去要东西或护着宝贝，他采取的战略是赢得人心，让其他小朋友心甘情愿地俯首称臣。他态度友好、左右逢源、受人爱戴，有什么玩具或零食会主动和大家分享，也会带领大家做游戏，嬉笑打闹成一团，还会把乱七八糟的纸盒子、空塑料瓶变成好玩的玩具。其他小朋友总喜欢学着他的样子，欢天喜地地做他的小跟班。

儿童的世界其实就像成人世界的微缩版。既有在前面领路的，也有在后面追随的，甚至获得及维护地位的方式都极其相似。事实上，我们在孩提时代的所见所闻，很大程度会决定长大后各自的性格，是主导型还是被动型，是好胜型还是随遇而安型，等等。这个领域显然具有深远的科学研究意义，但是令人惊讶的是，这方面的广泛研究近年才刚开始。

法国东部贝桑松大学的休伯特·蒙塔尼尔教授是最早开始研究儿童领袖心理的先驱。蒙塔尼尔教授最初的专业是生物学，在研究昆虫社会的强弱争斗行为时，他对孩子无声的沟通产生了浓厚的兴趣，他的研究对象也从蜂巢转移到了托儿所。他发现自己所在的贝桑松是研究这个主题的理想所在，因为在这个快速工业化的城市里，许多年轻的妈妈都还有自己的工作，为保障女性就业，当地政府开设了不少全日制托儿所，托管着年龄从几个月到 3 岁不等的小宝宝。3 岁以后，他们就会继续去上幼儿园。这些托儿所设备齐全、管理完善，其中一家托儿所的老师很配合，孩子也多，他们正是蒙塔尼尔教授这项庞大工程需要的研究对象。

在 20 世纪 70 年代初，蒙塔尼尔教授带了一台 16 毫米胶片照相机、一名助理和无尽的耐心，把自己的生物实验室搬到了托儿所。他计划把孩子们的互动都拍下来，然后逐帧分析。他还在其中一间游戏室的一头专门制作了机关，把照相机和研究人员藏在里面。他把这个机关设计成木偶剧舞台，演完木偶戏以后大幕一拉，孩子们就不会再对舞台有兴趣，这时蒙塔尼尔教授就可以安全地躲在后面观察摄录。时至今日，蒙塔尼尔教授已经录了大概 3 万多米长的胶片，实验仍在继续。不过，蒙塔尼尔教授已经有足够的素材来把所有的孩子按照主导型或被动型归为6类，这6幅画像详细地描述了从主导型到孤僻型孩子的不同行为特征。当然，这些描述是基于对法国孩子行为的观察，但是我观察了欧洲其他国家和北美的孩子后，认为这些分类描述具有普遍意义。

## “啄序”特征画像

### 强势领袖型

这一类型的孩子不需要以武力服人，以艾伦为例，他们是小伙伴的焦点，会主动组织大家一起做游戏，一起分享玩具，会发明新鲜的玩法，保持团队的活力。男孩女孩都有强势领袖型。

### 强势进攻型

这一类型的孩子倾向于以武力制服别人，比如托尼。他们在托儿所的经常性动作是抢、推、挤，或用胳膊肘顶。他们无所畏惧，但是一般他们带头的游戏参与者很少。他们的攻击往往无缘无故，而且不会针对真正惹毛了他们的孩子，反而是那些无辜的第三者——往往是下面4种类型。强势进攻型的孩子一般男孩较女孩多一些。

### 被动领袖型

这一类型的孩子有时会展示出一些领导才能。他们偶尔会发起游戏或者主动上前拿起新玩具，但是如果在托儿所，某个玩具或地方变得抢手，他们就会主动退出。其实在内心深处，他们也许还非常想要坐在最喜欢的椅子上吃水果，或者爬到楼梯的最高处，或者骑着小车多转几圈，但可能强势领袖型和强势进攻型的孩子们占了上风。被动领袖型的孩子男女都有。

### 弱势暴躁型

弱势暴躁型的孩子想通过拳头来解决问题，但是和同样通过武力赢在眼前的强势进攻型孩子不同，弱势暴躁型的孩子既不够决绝，又不够自信，有时候拳头挥不起来。他们的攻击对象往往是下面两个类型里胆小的孩子，而强势领袖型和强势进攻型的孩子对他们不屑一顾。弱势暴躁型的孩子男孩居多。

### 弱势胆怯型

弱势胆怯型的孩子就像是随时会发生事故一样，他们总是成为强势进攻型和弱势暴躁型孩子的攻击对象，还总是不知不觉就被夹在打架的孩子中间，变成那个无辜受害的路人。他们相当被动，总希望牺牲自己去取悦他人。弱势胆怯型的孩子有男孩也有女孩。

孩子学习说话的速度和他们在托儿所的“啄序”地位似乎有一些关联。蒙塔尼尔教授发现比同龄人早学会说话的孩子更容易成为被动及害怕的类型。原因或许是当他们忙着练习发音、学习词汇时，忽略了无声的语言信号。他们或许更容易和大人及大点的孩子沟通，而在主要依赖无声言语信号的同龄人之间，他们手足无措。

### 孤僻型

无论是游乐园、幼儿园还是托儿所，大多数这个类型的孩子第一次进入新环境时都有些局促不安。他们紧紧拉着妈妈的衣襟，或者愤懑地抽泣，一整天都独自待在角落里，远远望着其他孩子，哀怨而无助。不过，几天后随着对小伙伴的熟悉，这些眼泪和害怕就会慢慢消失，他们的心理会平稳下来，逐渐融入群体，被大家接受并且分配新的地位。但也有一些孩子孤僻害怕的时间会更久，而强势领袖型孩子往往把他们揽入羽翼之下，给予他们照顾、庇护、礼物。也因为有这层关照，一旦有什么玩具其他孩子玩腻了，孤僻型孩子往往会先接过来。

## 如何正确运用类型分析

这种行为分析给我们理解孩子的社会秩序打开了一扇重要的窗，但是如果照搬这些特征画像，把每个孩子丝毫不差地套进一个圈里，就大错特错了。其实，任何心理学标签都一样，只能提供一个借鉴而已。

也许你觉得某个孩子完全符合其中一幅画像中描绘的特征，但几天或几周后，又突然一点儿都不像了。强势领袖型的孩子可能会变得具有攻击性，而原来有攻击性的孩子又学会了强势领袖型孩子的宽宏大量；一直受支配的被动型孩子忽然开始变得强硬，而孤僻的孩子也可能变得合群起来。

比如下一章会出现的一个孩子——约翰。在我观察他的 12 个月里，约翰的行为变化非常大，从一开始的强势进攻型变成了 10 个月以后的强势领袖型。

随着孩子的成长，他们的社会地位也在不断发生变化。弱势胆怯型和孤僻型的孩子往往都在两岁以下，他们逐渐长大，身体强壮起来，信心也会随之倍增，同时他们会掌握更多取悦于人的技能。只要他们愿意，这些技能完全可以帮助他们成为强势领袖型的孩子。不过，之前的素材已经证明，不是所有的孩子都会做出这种选择，有的孩子似乎只会通过武力攻击来赢取主导地位。何况，行为变化不完全和年龄挂钩，孩子的情绪有时会莫名起伏，行为也会发生奇怪的变化，一贯自信的领袖型孩子会突然变得爱欺负人，具有攻击性，一改往日的友善，变得相当专横。同样，之前相当喜欢动手的孩子忽然毫无理由地开始懂得使用领袖型信号。一般来说，孩子的这些变化其实并非自发，而是来自于周围成人不同级别的压力，让孩子变得紧张焦虑或是从容轻松。

一边是压力大到溃疡发作的企业高管，一边是颐指气使的孩子，在日常生活中，两者貌似没有任何相同之处。但在托儿所或幼儿园，弱肉强食的秩序已经开始显现。中年人身心俱疲，生活在他们身上留下显而易见的痕迹，但是在孩子的身上就不会那么明显。可是无论年龄多大，人们在过度压力之下的心理反应几乎完全一样：他们都会变得急躁起来，相同的激素开始发挥作用，整个身体都会紧张起来，没有任何差别。那些让成年人备感疲惫的生活情境，也会让小朋友压力倍增：家庭成员之间的不快、被人野蛮对待、受人冷落、背井离乡、路见不平甚至亲历不公正待遇等外部事件都会引起身体内部的不同反应，尤其是肾上腺素的分泌。

## 应激激素

肾上腺素，顾名思义由位于肾脏上方的肾上腺分泌，主要作用是让身体在面临威胁时做出本能的逃离或对抗反应，因此经常被称作“逃跑或反抗激素”。当大量肾上腺素分泌出来突然进入血液，身体会产生本能的反应，来判断是要奋起反抗扭转局面，还是要三十六计走为上。此时，肝脏会释放大量的葡萄糖，人的呼吸会加快，为四肢和大脑提供富含氧气和能量的血液。在这种情况下，消化系统会暂时停止工作，让人产生焦躁感，口腔干燥，心里七上八下。这种感觉大家都不陌生。由于这些反应由中枢神经系统主导，并不受大脑“思维”的控制，所以激素的释放量通常也不会受到意志力的控制和支配。也就是说，血液中的肾上腺素含量越高，说明承受的压力越大。

肾上腺素会经血液流遍全身，剩余的部分由肾脏过滤后通过尿液排出体外。因此，测量该激素的最常见方法是尿检。蒙塔尼尔教授也决定使用这个办法来发现外界压力和孩子行为表现之间的关联。

他选择将肾上腺素的一种类固醇代谢产物——名字长得不得了的17-羟皮质类固醇，作为唯一的检测对象。每天从早上一起床到晚上8点睡觉前，无论是在家还是在托儿所，蒙塔尼尔教授和他的团队向几十个宝宝进行共7次尿液样本的收集，这些样本各自标上代号后被送往贝桑松医学院进行检测分析，实验室的工作人员对于宝宝的身体和心理状况，以及样本何时何地采集等情况毫不知情，样本中类固醇的含量也通过一台精密的仪器检测，可以精确发现并记录样本中激素的微量变化。

这些检测结果让人眼界大开。宝宝体内的激素水平和他们的行为表现关系密切，在非周末时间里，大部分的宝宝在上午11：00和下午3：00这两个固定时间表现出最高的类固醇水平。

科研人员把宝宝类固醇水平的高低起伏记录在同一张图表上，他们发现这些曲线的起伏相当有规律且一致。这些体内激素像潮水一样的起伏变化和行为结合在一起，叫作“生物钟”。顾名思义，这些行为就像一天24小时的钟表一样，每天周而复始。这一节奏影响着我们的感受和表现——清醒万分还是昏沉欲睡，精神抖擞还是萎靡不振，我们在很大程度上几乎时时刻刻受到生物钟的支配。睡觉还是醒着，吃饭或是干活，这些节奏同样反映在我们体内激素水平的变化上。某些细胞在某些特定的时间段总会比其他时候更加活跃，我们体内激素的分泌基本按照一张周密的计划表起起伏伏。一旦打乱了精密又脆弱的生物钟——比如整夜加班或者跨时区的长途旅行，由此带来的紊乱会导致挺严重的后果。

所以，宝宝体内这种应激激素的分泌水平有高有低并不奇怪，这些激素处于最高点和最低点的时间分布也很正常。上午 11：00 时，宝宝们已经完全清醒过来，托儿所这个时候也总是吵吵闹闹。外部环境的听觉视觉刺激越来越激烈，伙伴们彼此之间不断上升的热烈紧张气氛，宝宝们身体内的激素分泌自然也会比较类似。而午饭和午休导致的安逸和激素水平的下降，让下午 3：00 时激素水平的再次上升愈发明显。

在这里想要重点指出的并非仅是这些曲线的一致性，而是它们的显著不同。首先，周一记录到的高峰点和周五记录到的高峰点不同。其次，部分孩子的曲线和其他孩子的表现也不同。

周五，大部分宝宝的激素分泌高峰期出现在上午 11：00，下午 3：00 的上升没有上午那么高。但是在一周的刚开始，这两个高峰期的分布正好相反。周一的样本显示，孩子们在下午的激素分泌水平要高于上午。连续上学几天后，大部分宝宝的激素分泌高峰时间才开始转移到上午。

蒙塔尼尔教授的直觉告诉他，孩子们下午的这个高峰或许会和一位家长——至少妈妈——的激素分泌周期相符：上午她忙着做家务——擦窗擦地准备午饭，下午就可以腾出时间和宝宝做游戏。为了证实这个假设，他对全家人都进行了同期的尿样采样，这样才能确定父母的激素分泌水平和宝宝有无联系。结果表明，孩子和妈妈的激素分泌时间的确有一定联系，而爸爸和宝宝之间没有类似的关联。随着宝宝在学校和其他小朋友的生物钟逐渐融合，在一周最开始时宝宝和妈妈的这种一致性逐渐减弱。一般而言，生物钟的调整不会超过 24 小时，所以在星期二，托儿所的孩子们基本就已经很整齐地调整了各自的生物钟，趋于一致起来。当然，也会有例外。有两组孩子的激素分泌水平和其他孩子显著不同——一组是行为表现属于攻击型的孩子，另一组是孤僻或胆怯型的孩子。这两组孩子的激素水平比其他孩子的调整慢了许多，有时候直到星期四，他们的激素分泌水平和周期才多多少少和其他小朋友接近起来。即便如此，他们的图表曲线往往很容易分辨：高峰点比其他孩子高出许多，或者隔一天就有很大波动。和领袖型孩子相当流畅而有节奏的曲线相比，他们的激素表现毫无规律可循。蒙塔尼尔教授对此的评价是：

“强势进攻型的孩子一般通过欺负别人来表达自我，他们在一天当中的行为总是起起伏伏，这种高低起伏同样表现在了他们的肾上腺素分泌曲线中。他们对于外部压力的反应最敏感，同样也在疾病面前更加脆弱。而领袖型的孩子学会了通过社交手段来处理争端或外部压力，他们的肾上腺素分泌曲线相当稳定，一般也不怎么生病。”

外部压力和孩子肢体语言、肢体反应及社会行为之间的关系，并不仅仅是先有鸡还是先有蛋这样的问题。强势领袖型孩子的无声语言掌握得好，所以他们更喜欢与人打交道。这样，他们在幼儿园也更放松一些，压力相应少得多。他们的神经也不用总是紧紧地绷着，对外部事态的反应更加得体，因而无须抗争就能获得想要的对待，和他人的关系就这样进入一个良性循环。而另一方面，具有攻击性的孩子在处理人际关系的能力方面比较薄弱，他们的肢体语言没有章法，让人始料不及，因此别人对他们的态度也会更加提防、抵触，而这会让孩子更加焦躁，身体的反应愈发激烈。医学已经证明，外部压力和身体健康的关联，所以，这些孩子相比其他小朋友更容易生病也就不足为奇。结果，生病在家几天后，等他们再次回到小朋友中间时，越发地不合群，也就更没有机会去观察学习并掌握成为一名领袖的技能了。

但到底哪个是因哪个是果？是先有外部压力，还是自身出现暴躁的情绪？

当然，我们的行为和自身体内生理状况的关联紧密而复杂。

比较大的可能是，外部反馈会导致体内激素分泌的不同，而激素水平又会导致并影响某类行为。这一点在成长环境对孩子的影响上就可以看得出来。爸爸妈妈自身的态度会对小朋友的行为造成极大的影响，这一点我会在第八章里详细阐述。蒙塔尼尔教授很详尽地记录了一个强势进攻型的孩子如何转变为一个领袖型孩子的案例，这个转变发生在孩子的妈妈学会多给孩子亲子时间，主动向孩子表达关爱之后。孩子在与其他小朋友相处时的行为有了变化，他的应激激素分泌水平也发生了变化。

我们注意到孩子在同伴中间的行为表现非常不一样，这种不同的行为表现也会给他们带来不同的社会地位。似乎，这种行为在影响着身体内分泌的同时，也在受内分泌水平的影响。但是，什么肢体语言可以辨别哪些孩子是领袖型，哪些是跟随型，又有哪些爱欺负别的小朋友，而哪些总在摇尾乞怜呢？下一章会详细描述攻击型孩子的肢体语言，以及他们在焦虑时发出的信号。本章想先来集中谈谈领袖型孩子的积极信号。

## 胜者为王

强势进攻型的孩子爱出击，而强势领袖型的孩子爱和谐；一个是动不动就打人，另一个则有问题解决问题。攻击型孩子的肢体语言都是要以力服人，让其他孩子心生害怕，从而投降妥协；但是领袖型孩子的目的是以理服人，让其他小朋友认同自己的想法一起玩耍。

还记得本章刚开始表现迥异的托尼和艾伦吧。让我们把时钟向前拨，孩子们已然长大成人，托尼和艾伦是40多岁的中年人。我们再把幼儿园的游乐场变换场景，搬到公司的办公室里，然后把无声的肢体语言翻译过来配上声音，那么两者之间的差异就会立刻展现，让人瞠目结舌。

意志坚定的托尼现在叫作安东尼，是一家公司的总裁。他为人处事的方式雷厉风行，让大家唯唯诺诺，但身边的朋友寥寥无几。安东尼坚信铁腕的效果，脾气暴躁，很难相处。他从不让步，面对困难总是迎头而上，他常常暴跳如雷，用威胁恐吓等各种手段逼迫对方妥协，甚至会动手打人。主导安东尼的世界法则，是成者为王，败者为寇。他的天空时晴时阴，情绪随时可能失控，所以大家避之唯恐不及。但是，他在某些事情上的效率的确很高。就像小时候在幼儿园为所欲为一样，周围人也尽量顺着他，竭力不去挑起事端。

艾伦的风格则完全不同，或许从长远来看更成功。他的竞争野心丝毫不比托尼小，只不过他信奉的不是赤裸裸的恐吓，而是不动声色的心机。他会先去了解其他人的需求，尽可能地满足对方，从而几乎顺理成章地达到自己的目的。在艾伦的世界里，离开谈判桌的所有人都应该满面笑容，而不是不欢而散，大家都应该感到自己满载而归。即使实际上，艾伦已经把他们的腰包掏空。无论是自己的手下还是合作伙伴，艾伦都希望大家皆大欢喜，他会褒奖大家的努力。大家对他敏锐的商业头脑和战无不胜的谈判技巧赞不绝口，但他们或许没有意识到，早在几十年前，在幼儿园的积木堆和玩具小汽车之间，艾伦的领袖才能已经开始萌芽。

时光机器重新启动，把时针拨回到过去30多年前，艾伦仍然还是幼儿园里那个穿着短裤的小男孩。我们来看看这个小小年纪的孩子是如何巧妙娴熟地运用一些简单的技巧，在一派和谐中达成自己的心愿，又让大家皆大欢喜的。

4 岁的小玛丽坐在托儿所的木马上，她的好朋友 3 岁的简兴高采烈地摇着木马，玩得不亦乐乎。不远处的艾伦拿着一辆小汽车在玩，但是眼睛一直望着两个小姑娘，显然也很想去骑马。他忽然站起来，向她们跑过去。小姑娘们注意到他，警觉起来。玛丽抓着缰绳的手攥得更紧了，她的怀疑丝毫没错——艾伦想取而代之。但她还没玩够呢，没打算轻易下马。

但是，艾伦跑到跟前并没有去夺缰绳，甚至没有去碰木马，他盯着玛丽满脸堆笑。小姑娘放松下来，也跟着笑起来。他的到来让两个小姑娘玩得更加起劲了。玛丽紧紧攥住木马的缰绳，身子向后倾斜，笑得合不拢嘴。艾伦也加入简一起推摇木马，简向旁边让了让，给艾伦腾出一点儿地方来摇木马，但艾伦立即一跃跳上木马后面的基座踏板上，两条腿一左一右跨在木马后腿的两侧，身子都要趴到木马的臀部了。简推着两个人前后摇摆，艾伦笑得愈发欢快，而简发现这可比自己摇木马好玩多了，也跑到马头前面，跳上踏板。玛丽还在欢乐地笑着，但是艾伦和简的重量前后平衡着，木马逐渐停了下来。玛丽从艾伦的表情推断，骑在踏板上貌似比骑在马背上好玩多了，所以也想尝试一下这种新玩法，就从木马上下来了。这时，艾伦立刻跳上了马背，小伙伴们都玩得很开心。玛丽也试着使劲儿摇木马，但是摇了几下后就觉得不如艾伦摇得带劲，于是跑到一边去玩滑梯了，简也跟了过去，留下马背上的艾伦如愿以偿地独享了木马。

不像艾伦这么机灵耐心的攻击型孩子或许会直接上手把玛丽推下

马。恐吓加推搡在有些孩子身上奏效，但是这个姑娘在自己的小群体里同样是个小领导，绝不会轻易听从其他小朋友的命令。所以，一旦动起手来，小伙伴之间肯定少不了一场拉扯吵闹，也一定少不了大人出马，最后的结果只能是两败俱伤。

看到这里，读者也许会觉得我太把一个3岁的孩子当回事了，他们哪里会有那么周密的战略，甚至看上去有些老谋深算！所有这一切不过是研究人员的过度解读，实际上孩子们压根儿没有什么计划步骤！艾伦摇木马只不过是想一起玩，他跳到踏板上也不过是因为马背上再也挤不下一个人了，小姑娘从马背上下来的主要原因也是觉得艾伦的玩法更新颖而已。充其量只能说他运气好，才不是什么步步为营呢！

如果这个案例独此一次的话，你想的也许一点儿不差。但是类似的互动在小朋友中间屡见不鲜，件件都归为运气的话，反而会把自己陷入成年人自以为是的逻辑怪圈。成年人认为年龄再大一些的孩子、青少年都会为达到目的而精心设计，并习以为常，见怪不怪，但是仅仅因为这些小朋友还无法流畅地用语言沟通，而通过无声的动作达到同样的目的，大人就会想当然地认为他们没有这么周密谋划的本事。这种态度既是对无声语言威力的轻视，更是对尚未掌握有声语言的小朋友的蔑视。

艾伦的步步为营从笑容开始。他首先运用了微笑和大笑来逗其他小朋友开心。之前已经讲过，小朋友们——尤其是小女孩，在同伴面前更喜欢笑。任何的示好或友善的动作中，最基本的能力便是激发他人的愉悦或兴奋反应。或者也可以说，任何能够激发他人笑容的动作都是有效的示好信号，比如：抚摸、轻拍、拥抱、一起游戏，解除威胁或阻止攻击等。领袖型的小朋友会主动递上玩具或糖果等小礼物，去拉拉手拍拍肩，表示友好，只要结果是对方露出笑容，就说明他发出的示好信号被对方成功接收了。往往这种信号会引发一系列积极的连锁反应，领袖型的孩子把玩具递给一个小宝宝，这个小宝宝会将玩具或者其他礼物传递给下一个宝宝，领袖型孩子的举动会被其他小朋友模仿学习。比如在学校里，孩子们挤在一起做面团玩，一个小男孩拿起小擀面杖开始敲案板，一边敲一边看着旁边的小女孩大笑，这个小女孩也会捡起自己的小擀面杖学着敲起来，不一会儿，班上五六个小朋友都开始咯咯地笑着乒乒乓乓地举着擀面杖敲案板。

他们敲的原因并不单纯是敲击的声音很好玩，而是大家可以一起热闹。类似的模仿性动作一定要放在更大的环境里去理解，永远不仅仅是一个简单的动作本身。领袖型孩子开头的动作往往会引起其他孩子的连锁跟随，这对于小群组的秩序建立意义重大。

鉴于示好求和的信号最终目标是让对方笑起来，那么任何此类信息的核心内容理所当然也就是微笑。无论其他的肢体动作是什么，这些信号都要以微笑拉开序幕，而笑容越灿烂，信号就越强烈。

一般来讲，无论是递上礼物、轻轻触摸还是邀请加入游戏，孩子的这套动作程序是一样的：主动发送信号的宝宝会吸引对方的注意，坐下来或者蹲下来好让双方的面部处于同一水平，然后把彼此距离拉近到 30 ~ 50 厘米，他们目光对上时，有时眉毛会向上挑起以加强效果。

4 岁的妮娜是个很聪明的领袖型小姑娘，她对希拉丽一直在地板上玩的小熨斗垂涎已久。她走过去蹲在希拉丽身边，盯着小熨斗看了大约 15 秒，然后抬起头，相当夸张地笑着看着希拉丽，把手慢慢伸向熨斗。隔了一小会儿，希拉丽捡起熨斗，递给了妮娜，没有丝毫的不情愿。在小朋友中间，这样的友好互动相当普遍而奏效，如果在微笑的基础上再辅以肢体和头部的倾斜，那么这套动作的意图就更加直白：“我们一起玩？”或者是“我想要”。

5岁的菲利普想玩一玩那辆发条小火车，但是4岁的阿德里安却一直拿着不放手。菲利普直接走过去蹲在阿德里安的面前，头向右歪着，看着阿德里安笑。这个动作和笑容持续了10秒钟后，阿德里安举起火车交到了菲利普手里，同样满面笑容。

绽放笑容、头部稍倾、手向前伸，就组合成了无声肢体语言里最直接有力的信号，这不仅在宝宝之间相当奏效，就是大人对小孩也同样管用。宝宝开始蹒跚学步时，许多妈妈会发现喂饭简直是天下最头疼的事情，但是如果她试着在送出一勺饭的同时做出这个友好的动作，她们会惊讶地看到宝宝一口一口吃得乖极了。幼儿园的老师在哄新来的宝宝开心时，如果在温柔细语的基础上再加上微笑和歪着的头，原本怯怯的宝宝很快会和老师互动起来。

最早辨识出这一重要信号的蒙塔尼尔教授发现，看到这个信号后，80%的宝宝都会把自己手头的宝贝分享出来。一般来讲，这个信号和做出反应之间的时间差为10 ~ 15秒。我自己在英国和美国的实验中也观察到了相同的反应时长。而在互动中缺乏这一重要信号时，想获得宝宝手中的玩具或其他宝贝，有80%的可能性是遭到拒绝。

蒙塔尼尔教授做了一个实验，来检测这一无声信息的强度。他首先让托儿所的老师对宝宝做出这一动作，但老师会戴着墨镜。即使没有重要的眼神交流，这一示好姿势大部分时候仍然行之有效。很有意思的是，不仅是直接接受这个动作的宝宝会受到影响，旁边其他的宝宝如果看到了，也会主动跑过来，把手中的宝贝玩具递给老师，或者给老师一个拥抱，过来坐在老师身边。

领袖型的孩子在准备和其他小朋友开始一长串互相模仿的沟通时，

也会首先歪歪头。4 岁的汤姆和其他小朋友在一起捏橡皮泥，他先搓了一根香肠样的长条，然后自豪地举起来给他右手边的小姑娘看，同时向右歪着头灿烂地笑着。小姑娘立刻回报一个微笑，也把自己的橡皮泥搓成一样的长条形状，然后学着汤姆的样子举了起来，一起笑着。她右边的孩子看到了，也跟着模仿起来。很快，教室里的所有孩子都开始忙着搓橡皮泥，并且一一自豪地举起来互相展示。和前面敲案板的例子一样，这套动作有着重要的社交和沟通作用。它会进一步巩固领袖在小团体中的地位，同时让大家一起开心起来，变得更加团结。

在另外一组，两岁的希拉丽揉了个面团，然后扎到铅笔头上，她笑着举起来给身边 4 岁的巴里看，接着转头望向其他小朋友，急切地摇晃着自己的大作。他们抬头瞅了希拉丽一眼，但仅此而已。如果希拉丽辅以上面的示好动作，几乎可以肯定的是，很快会有其他孩子跟上来学她的样子。不过话又说回来，也正因为希拉丽没有这样的技能，她在孩子们中间的地位也属于任人指挥的。

主动示好的宝宝一般会主动分享糖果、积木、小汽车之类的宝贝，但是，仅仅把这礼物推到别人面前远远不够，同时一定要有肢体和面部表情的配合，这些小礼物才不会被拒之门外。

领袖型的小朋友不仅仅会让别人跟随模仿自己的动作，更会为了实现自己的目标去主动配合其他小朋友。这一点和那些丝毫不合群的强势进攻型孩子形成了巨大的反差。

这种联手总会有个可怜虫被占便宜。前边例子中拿铅笔扎着面团的小姑娘希拉丽乖乖地排着队站在滑梯边，她抓着扶梯栏杆等着轮到自己，3 岁的罗伯特跑了过来，他刚刚滑下去就已经等不及再来一次了。他走到希拉丽的背后，在她腰上抓了一把，这时刚刚滑下来的巴里也跑了过来。这是两个强势领袖型的孩子，他们立刻配合起来计划插到希拉丽的前面去。第 110 ~ 112 页的图片记录了这个过程。他们的配合相当默契，天衣无缝。巴里先过来在希拉丽身后大喊了一声，转移了她的注意力，小姑娘听到喊声转过头来，看到巴里站在罗伯特的身后。巴里满脸堆笑，和希拉丽四目相对，牢牢地吸引了小姑娘的注意力。这时，罗伯特轻步挪到她的右侧，歪着头做出示好的动作。希拉丽左手仍旧紧紧抓着扶梯的栏杆，但身体稍稍向后移了一点儿，此时罗伯特一下就挤到了她的前面。等她转回头来恼怒地盯着罗伯特时，巴里又趁机插到了罗伯特的身后，同时轻轻推了一下她的手，希拉丽就放开了扶梯。罗伯特开始向上爬，小姑娘向后退了一步，巴里紧随自己的好朋友，左手顺便把希拉丽轻轻一推，插队成功完成。

成功的领袖秘诀并不是威吓，更多是甜言蜜语和以理服人。不过，这并不意味着强势领袖型的孩子永远不会发火动手，也不意味着强势进攻型的孩子从来不懂和颜悦色。无论是哪种类型，托儿所的孩子王们都有可能在任何时候动用恐吓威胁，或是巴掌拳头来解决问题。然而，领袖型的孩子可以控制自己，动手的时候很少，而且往往不过做做样子。他们不会发无名之火，动怒的起因相当明确——或者是自卫，或者是保护弱者，很少会因为情绪失控无端地发火。另一方面，强势进攻型的孩子不仅会莫名其妙地暴躁动怒，而且总是把自己的怒火发泄到那些极其无辜也无助的小朋友身上。偶尔为了某些目的，他们也会嘴巴上抹蜜去哄别人，而不总是依赖一双拳头打天下。

显然，即使是不同的强势型孩子，行为举止也会有交叉。所以，我们不能仅根据短期的观察就对孩子的类型下定论，这些表现或许无法代表他们日常的行为类型。也许在你观察的这个时间段里，一名强势领袖

接下来的这 4 幅图是从视频中截取出来的。两个男孩罗伯特和巴里（图最右侧）一步步插到了希拉丽的前面打算爬扶梯。巴里喊了一声，转移了希拉丽的注意力，等她回头时，罗伯特挤到了她的前面。

罗伯特歪着头，发出友好的信号。而巴里正挪到希拉丽右侧，小姑娘的眼睛紧紧盯着他。

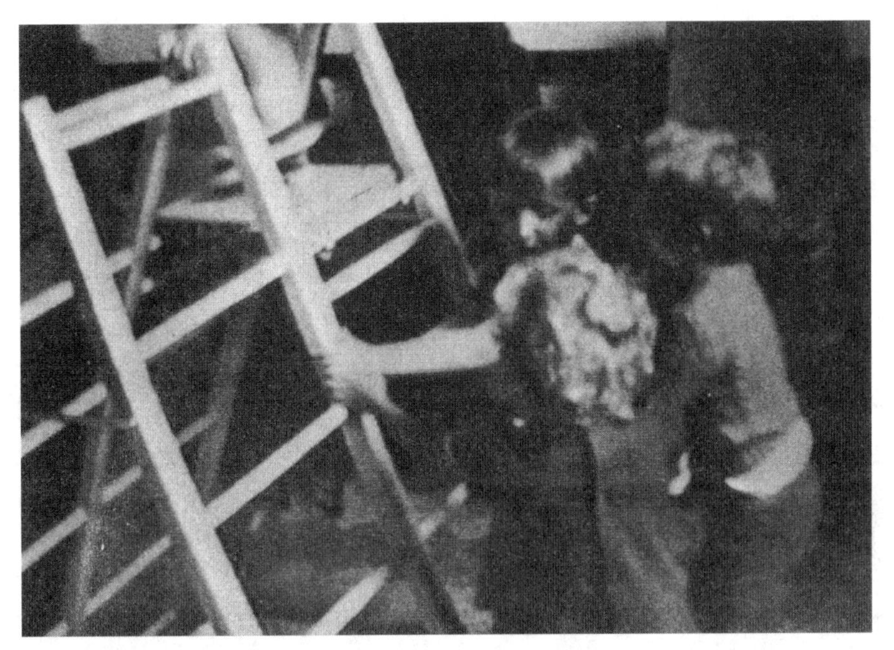

希拉丽稍微向后退了一小步，罗伯特挤到了她前面。小姑娘恼怒地看着他，结果巴里此时又趁机插到了罗伯特的后面。

型的孩子恰巧出于某个原因表现出了进攻性的一面，而平时非常好斗的孩子正好表现得貌似取悦于人。依据这点有限的信息仓促得出的结论很可能出错，冤枉了人。很遗憾的是，大人往往断章取义，自以为是地给孩子冠上“爱欺负人的小霸王”或者是“很听话的小乖乖”这些名不符实的头衔。这种草率的称号有时候会给孩子带来持续性的影响。

大人必须对孩子之间的交流有至少一个小时的观察，才可以做出大致准确的评估，而且在这期间孩子的所有互动，每一次的示好、恼怒、逗哄、动手等表情动作全部要记录下来，再运用蒙塔尼尔教授的计算方法一一分析，最后才能得出孩子的行为类型。

罗伯特开始向扶梯上爬，巴里用右手把希拉丽轻轻挡到了一边。两个男孩轻松抢到了希拉丽的位置，没有动用任何武力，也没有导致小姑娘哭闹乃至大人的介入。整个插队过程只是几秒钟的事。

要决定宝宝强势型行为的真实本意，不是根据有无自发或经常性的进攻行为或讨好行为，而是要把两种行为之间的关系搞清楚。蒙塔尼尔教授仔细观察了宝宝的行为，用讨好的行为次数除以自发攻击的次数，再得出一个值。

如果这个值大于 1，宝宝可以归为强势领袖型。

如果这个值小于 1，宝宝的行为类型属于强势进攻型。

下表显示的是研究人员在对艾伦和托尼进行了两个小时的观察后，按照这个算法得出的分析结果。

|  | 自发的攻击动作次数 | 讨好的动作次数 |
| --- | --- | --- |
| 艾伦 | 12 | 36 |
| 托尼 | 25 | 9 |

讨好的动作 = 艾伦　　　　36/12=3

攻击的动作 = 托尼　　　　9/25=0.36

行为类型：艾伦（3）= 强势领袖型

托尼（0.36）= 强势进攻型

在日常生活中，我们实在没有必要做得这么科学精确。大家不必整天盯着宝宝的一举一动，随身带着小本本和计算器，来计算自己的宝宝到底是个小霸王还是外交官。这里想说的是，大人不能随便对孩子在小团体当中的领袖地位得出结论。那些在随随便便的观察之后就得出的不假思索的结论是对小朋友莫大的冤枉。爸爸妈妈也不要因为自己的孩子几乎从来不会还手，就认为宝宝不如那些好斗的孩子自信，不懂得自我保护。恰恰相反，很可能是因为孩子已经发现了更加有效的办法来维护自己的地位。请一定要记住这些所谓的类型也都是随时变换的，不仅会随着孩子的年龄和体格增长产生变化，在短期内就会有所不同。原来只会拳打脚踢的小霸王在几周之内就可能长成呼风唤雨的小领袖。这种快速的变化和外部压力的波动关系密切，与此同时外部压力和环境的改变又息息相关，因此，孩子在不同环境下的行为表现也会不同。在幼儿园同龄小朋友中间颐指气使的小霸王（强势进攻型）回到家中，在哥哥姐姐当中或许会变成个可怜虫（弱势暴躁型）或是受气包（弱势胆怯型）。不过，具备领袖气质的小朋友一般不会因为外部环境的不同而失去这些特质——无论是地点还是周围人的变化。

父母观察孩子是否具有领袖特质时，需要记住以下 6 点。

1. 一定要避免在简短随意的观察之后就仓促得出结论，一两次的暴躁或友善行为不足以给小朋友贴上任何标签。

2. 请记住，孩子不是螺丝钉，可以按部就班地套上螺帽，也不是一成不变，而是会因为外部环境和自己的成长而变化。

3. 强势领袖型的孩子会比其他孩子表现出更多示好的动作，比如主动分享玩具和糖果、邀请别人一起做游戏、拥抱拉手、轻轻抚摸，任何试图让对方笑起来的姿态举动都可以归入其中。当然，最明显的示好肢体动作是面带笑容、稍稍歪头，有时身体也会跟着稍有倾斜。这个姿势一般伴随着分享或递送的动作，在小朋友之间或是大人和宝宝之间同样管用。

4. 强势进攻型的孩子也会做出示好的动作，但更多的是自发的暴力进攻性举动，比如抢夺玩具、推搡其他孩子，有时他们的这种暴躁会发泄在完全无辜的更弱势的孩子身上。

5. 领袖型孩子的特征是，他们往往会发起游戏，而其他小朋友会跟着学。暴躁型孩子往往非常不合群，既没有人跟随他们，他们也不愿意和其他小朋友一起玩。

6. 蒙塔尼尔教授发明的算法可以用来判断孩子的类型，即用宝宝示好姿态的次数除以自发进攻的次数，得出的值如果大于 1，意味着孩子是强势领袖型，反之说明孩子更倾向于强势进攻型。

把孩子的行为表现归类无法解开宝宝行为的谜团，但如果运用巧妙，可以帮助父母顺着正确的思路提出正确的问题，恰当地对宝宝的行为做出回应，开展积极的互动。

# 第六章　暴躁不安的语言

5岁以下儿童的世界经常躁动不安，但只是偶尔有点暴力，他们的世界说到底还是游乐园而不是战场。虽然大部分时间，怒气冲冲的表达只是仪式性或象征性的，但是这些动作造成的紧张不安却远远超出大人的想象，在一些成人世界司空见惯，甚至认为相当友善的情境下，小朋友会感受到巨大的恐惧。我们觉得只要拳头没有真正落下打到身上，所谓的敌意就可以忽略不计。已经经受过太多具体疼痛的成人会忽视一些其实相当明显的不安信号——悲伤的表情、不停地抽泣、紧紧抱着母亲不愿放手、远远躲着其他小朋友不一起玩。我们觉得孩子只是有点胆怯害怕，还会称其为“孩子气”。

事实上，这种反应是在攻击或可怕的环境下完全自然合理的反应。在面对具有攻击性的群体时，被蒙塔尼尔教授归为弱势胆怯型或孤僻型的孩子反应最为强烈，他们最容易表现得焦躁不安。但是受到影响的远非只有这两个类型的孩子。一石激起千层浪，即使只有两个小朋友发生争斗，波及范围却绝不止于此，任何在这场对抗附近的孩子都会做出不同的反应，被动型的孩子会表现得担忧害怕，而强势型的孩子会警觉起来，随时准备自保。

孩子们打闹嬉戏的时候表情是愉快的，他们大张着嘴，面部放松，玩得非常高兴。

为了精确地评估任何一组5岁以下孩子不同的恐惧或暴力水平，我们要学会如何正确地理解他们之间的冲突，这就需要读懂孩子不安焦躁的秘密语言信号。

## 宝宝之间的嬉戏打闹

上午11：00，幼儿园里一群三四岁的孩子在一堆靠墙摞起来的垫子上打闹，他们上蹿下跳、你推我搡、手舞足蹈、连声尖叫，貌似打得不可开交，但其实他们玩得正在兴头上。孩子们看似充满暴力，其实不具攻击性，他们的“打闹”是“闹”多于“打”，反而会防止真正的打斗发生。

友好打闹和凶狠打斗的区别，不仅仅是胳膊挥舞的力量，还在于他们的表情。孩子生气时脸紧绷着，嘴唇、眼睛、眉毛都释放出确切无疑的愤怒。而“打闹”的孩子们面部表情非常放松，笑声不断，快乐显而易见。这种表情被称为“嬉戏表情”，他们的头稍稍向后仰着，嘴巴张着，上下牙齿分开，从头到脚都是放松的，没有一丝紧张。这个“嬉戏表情”在群体的打闹中非常重要，它会让其他孩子明白，即使外人觉得游戏貌似激烈，参与其中的孩子们彼此可没有一丁点儿恼怒。

这种“嬉闹”往往发生在滑梯或高台等动作幅度较大，但是大家都喜欢玩的玩具周围，孩子们会先绕着圈互相追逐，越追越快，气氛越来越兴奋，有意无意的肢体接触也越来越多，有时是不经意，有时却显然有意为之，他们兴奋的尖叫声也越来越高，达到顶点。然后有一个小朋友有意无意地摔了一跤，其他小伙伴就立刻爬上去，他们滚成一团，又推又拉，又搂又抱。只要没有大人介入，他们自己一会儿就安静下来，小朋友们会逐渐散开来，或倚或躺，喘着气咯咯笑个不停。这种小打小闹释放能量的游戏表明孩子们的进攻能力在可控范围，不至于过度。伦敦儿童健康研究所的布勒顿·琼斯（Blurton Jones）医生对这种“嬉闹”做了详尽的观察和研究，他的结论是，经常参与嬉闹的孩子更少参与真的打架。其中原因尚未明确，但一种猜测是这类打闹会让小朋友“耗尽”体内的进攻能量，就像大家认为成年人的突然发火也是某种过大压力的安全发泄方式。不过，这种理论放在成人身上还待商榷。儿童不像成年人那样无端自发地暴躁起来，他们的打斗往往有很具体的原因——争抢玩具，游戏是否公平，插队，等等。只有强势进攻型的孩子才会无端地把怒火发泄在无辜的小朋友身上。

第二种理论是经常打闹的孩子根本没有时间去玩儿玩具，而玩具往往是争端的主要起因，所以他们也就较少打架了。这条理论听上去挺像那么一回事，但不应该是唯一的原因。经常一起打闹的往往是强势领袖型和被动领袖型的孩子，而那些焦躁好斗或是孤僻焦虑的孩子一般不会参与到这些游戏中。也就是说，这些经常嬉闹的孩子不经常打架的主要原因，或许恰恰是他们的性格使然。

参与嬉闹的孩子一般至少在四五岁左右，再小一点儿的很少，而小女孩又要比小男孩更多一些，因为她们不像男孩子那么好斗，也更擅长社交一些。即使是刚上幼儿园，小女孩都要比她们的哥哥弟弟更快融入集体，不会因为父母不在身边不停地哭哭啼啼，她们也比同龄的男孩子掌握着更多、更复杂的无声密语。她们在嬉闹的时候不会像男孩子那样摸爬滚打，有那么多近距离的肢体接触，更多的时候，她们会互相追逐拉扯。

大人们经常把嬉闹误以为是打闹，然后赶快跑过来制止，但是他们只需要再仔细看看打闹的孩子们的面部表情和肢体动作就能明辨真相。即使在嬉闹中没有明显的笑声，孩子们彼此之间的拳头到底是恶狠狠还是软绵绵，还是很明显的。

## 真恼假怒

3 岁的迈克自己在小房子里拿着小水壶玩，这时 4 岁的亚瑟推门走进来，一把攥住了水壶。迈克紧紧抓着不放手。两个小男孩都大声尖叫着，最后亚瑟夺走了水壶，迈克双手猛拍，大叫“不要……不要……”，而亚瑟把战利品牢牢抱在怀里，跺了一下脚。迈克把胳膊举在背后狠狠

强势进攻型孩子在抢夺玩具的时候脸上露出威胁的表情，他的下唇向前突出，眼神犀利，显而易见，他在威胁对方。

向前挥，朝半空舞着拳头。亚瑟又尖叫了一声，把水壶在门上重重地敲了一下，转身走了出去。

一场没有硝烟的战争刚刚发生。那些没有落下的拳头，尖声叫喊，身体的扭曲，都成为仪式性的信号，在具有攻击性的互动中经常出现。

这场战争在迈克的玩具被对方抓住的那一瞬间开始。迈克抓紧小水壶不放手，他的身体紧绷并向亚瑟的方向前倾，他的眉毛拧在一起，下巴努出来，神色越来越愤怒。没有对方的力气大，被迫放手的那一刻，他嘴唇向后张开，嘴巴变成了一个大大的椭圆，几乎露出所有的牙齿。这些动作和第四章里描述的露齿咧嘴笑好像没什么不同，但是伴随的其他肢体动作细节传递出的是不容置疑的敌意。迈克皱着眉，不是困惑，而是愤怒。这两个表情的区别比较细微，但很重要，前者的眉毛会抬得高高的，向着额头中间拱起，而后者会向额头中间拧在一起。宝宝一般在动手打别人或者特别伤心，沮丧地哭着时会露出这个表情。

迈克并没有实际出手去打亚瑟，而是把双手大声地拍响，而亚瑟也把脚使劲儿跺了一下，同样上身往前倾，下巴努出来，露出下排的牙齿。这些信号敌意浓浓，实际进攻一触即发。迈克象征性地挥舞了一下拳头，这在仪式化了的进攻中相当重要。两个小朋友兵不血刃的争斗正在逐渐到达高潮，亚瑟又尖叫了一声，清楚地表达自己的愤怒，同时向迈克重申自己丝毫不准备退让，也不打算把玩具还回去，而且为了强调这点，他把水壶在门上重重地敲了一下，弄出更大的响声，然后头也不回地直接走掉。迈克看着他离开，把右臂举起来象征性地挥舞了一下。不一会儿，他又回到木盒子里面找出一艘小船，继续自得其乐地玩起来。

这一回合是许多小朋友“打架”的典型方式，大部分时候 5 岁以下儿童之间貌似激烈的“争斗”是对空挥拳，他们面目狰狞、厉声尖叫，但也仅此而已，双方都能全身而退，不会有人真的挨打。如果是一名强势进攻型的孩子要把火气发泄在被动型的孩子身上，或者他要从另一名同样进攻型的孩子那里抢走玩具，才会拳脚相加。成人世界里足球看台上的那些自由散打或酒吧里的生死肉搏根本不会在小朋友的世界里发生，即使是再大点的青少年们热衷的打斗都很少见。那么，这些小朋友哪里来的如此高度的自律呢？

答案可以先从好斗冲动的生理机制说起——源头还是前一章提到过的不直接受意志控制的中枢神经系统。这个系统的主要功能就是照顾到那些维持生命所需的最基本的活动，比如造血及血液循环、呼吸、消化等。中枢神经系统的这个部位就像是飞机的自动驾驶系统，负责最基本的工作，把大脑的其他区域解放出来，去处理那些更费脑子的事务。

人类的自主神经系统分为两个小系统，两者对身体的作用是相反的。被称作交感神经系统的作用是加速心跳、呼吸，将更多的葡萄糖推送到血管中去，而把这些具体的指令发送到正确的身体部位的使者正是肾上腺素。另一个系统叫作副交感神经，其主要功能是减速，让心跳和呼吸都慢下来，让身体放松。一般情况下，这两个系统就像没有人的跷跷板的两头，互为平衡。可一旦我们面临攻击、身处险境，交感神经系统就会占上风，就像之前描述过的那样，一切均以生存下来为最高目标。等危险过去，副交感神经系统再回来让身体恢复日常的平静状态。

造成害怕的原因既可以是真实的存在，也可能是臆想的威胁。任何恐惧症或焦虑心理都有可能被特定的对象激发出来，即使仅仅在脑子里想到某个对象，都会导致不可抑止的恐慌。和上级的争吵或者夫妻间的吵闹，也可能会造成恐慌。

当诸如抢劫或者恶狗等威胁真实可见时，交感神经做出的“逃跑或反抗”反应就可能很正确，能否打得过或者是否跑得快，成为生存与否的关键。但是在社交领域里，逃跑或反抗的选择可能不复存在，所以交感神经反应就没什么用武之地了。我们在愤怒与害怕之间迷失方向，走也不是留也不成。怒火不足以烧到让我们失去理智、大发雷霆，而焦虑又不至于无法承受，让我们三十六计走为上。在某些场合，我们可能会忍无可忍做出走或留的选择，但是大部分时候，我们无从选择。内心的冲突造成的不是焦虑，而是左右为难，动起手来反抗和夹起尾巴走人都一样艰难。这时我们中枢神经系统里的那一对互为反作用的系统就挣扎起来，心里也矛盾得不得了。交感神经系统发出指令要反应，而副交感神经系统却想要违背这条命令。犹疑不决造成的不知所措，我们每个人都经历过这样的焦灼。我们心跳加快，呼吸变粗，肚子里翻江倒海，身体不受控制地颤抖起来，供血不足，头晕目眩，甚至晕倒在地。

在物种进化的过程中，这种逃走或留下来抗争的内心冲突导致我们创造出许多进攻或投降的仪式和象征动作。野生动物之间针对领土或地位的争夺可以在不必流血的情况下完成，对于一个物种的延续来说，手下留情是个互利的局面。如果所有的争斗都一定要以流血甚至牺牲来结束，那么再强壮威武的动物都迟早会遭遇袭击，唯一的赢家是其他的物种。就像两条互不相让的狗，它们“打架”时的仪式性攻击信号相当多。

它们脖颈上的毛发竖起（其实人类动怒或害怕时也会毛发直竖，只是没有那么明显），面对面低低地蹲下去。它们开始转圈，龇牙咧嘴，喉咙深处发出号叫，眼神犀利警觉。时不时其中一只会向前冲一下，然后又立即退一步。两条狗之间的一仗往往在有直接的身体接触之前就结束了，即使它们的嘴巴都已经咬到对方，也不会造成太大的实际伤害。很快，其中一只躺在地上，暴露出自己最脆弱的喉咙，伏地认输。这一冲突的目的是强弱地位的巩固，有个认输的表态就已经够了。

其实大人之间的冲突也会有类似的程序。我们会高声叫嚷，大踏步向对方冲过去，拍桌子摔椅子，但是血淋淋的结局其实在电视电影里更多一些，人类社会的实际暴力程度远远没有新闻媒体的报道多。

所以，儿童的大部分争端会通过仪式性的动作解决，并不是因为他们比成人的自我控制能力更强。的确，孩子还不像大人那么习惯于表现自己的敌意或发出威胁，但是蹒跚学步的宝宝也和任何野生动物或生气的大人一样，会通过对空挥拳、把玩具摔到地上、用力击掌、跺脚、厉声尖叫等仪式动作来表达怒气和几乎无法按捺的暴力冲动。

## 发出进攻的信号

3 岁的史蒂文独享脚踏车，转着圈骑得不亦乐乎。3 岁的托尼刚来不久，和大家相处了不过几天时间。他也想骑骑车。史蒂文刚从脚踏车上下来，托尼逮住机会，立即过去抓住了脚踏车的车把（详见第 124 ~ 127 页图）。此时，史蒂文也向脚踏车冲回去。两个孩子都死死攥住车把，托尼转过头去，向旁边的老师求助。说时迟那时快，在他转头的刹那，史蒂文一个箭步跨到了车上。老师过来，皱着眉头半蹲下来，不满地看着史蒂文，伸手握住史蒂文的左臂。

接下来的图来自视频的记录，逐张演示了托尼和史蒂文对脚踏车的争夺，以及坐在旁边小汽车里的约翰对他们的观察。

托尼寻求老师的帮忙，在老师蹲下的当口，史蒂文立刻爬到了脚踏车上。

她说："该托尼玩会儿了。"史蒂文心不甘情不愿地交出脚踏车，跳下来向后退了几步，站在一米远的地方盯着托尼和老师。老师转身把托尼的围兜往下摘时，史蒂文抬起左手，高高地举过头顶。托尼死死地盯着他，史蒂文转过身去愤愤地走开，左手仍然举在脑后，一直走到三四米远的地方手才放下来。

在小朋友的肢体语言里，这个"打你"的动作相当常见，既表达进攻也用来自卫。作为一个表示威胁的信号，他们在举起胳膊的时候，胳膊肘会向外弯曲，手指伸直，手掌向外保持在距离头部一侧十多厘米的地方。作为一个表示自卫的动作，小朋友的手指会和头部一侧的皮肤或

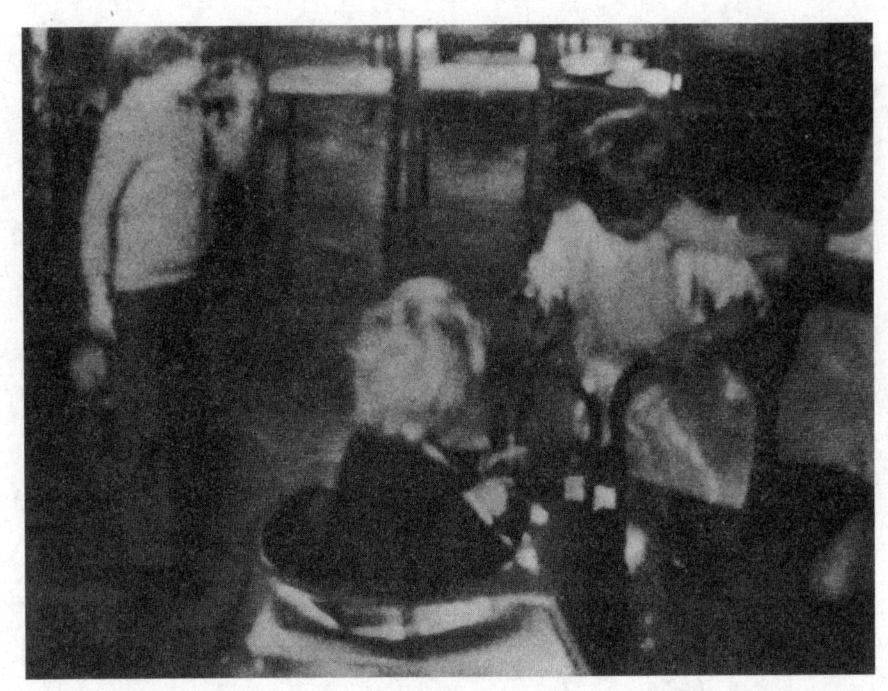

有大人撑腰，托尼成功抢到了脚踏车，史蒂文退到一米开外，愤愤地看着他，他开始举起左手，做出“打人”的动作。

头发接触，也不会举得很高，这个动作一般伴随着绷直的身体和愤怒的表情，眼神也会紧盯对方。小朋友在防御时会退后一两步，冲半空发出一击；而在进攻时则会向前跨一两步，冲半空发出一击，同时上身向前倾。辨别这一动作真实意图的另一个信号是做出动作的距离。进攻性的挥胳膊往往比防御性的动作距离对方更近。我们在刚才的脚踏车事件中可以看到，对手把大人扯进来后，史蒂文意识到自己已经不可能继续霸占着脚踏车不放了。史蒂文向一旁退了几步，到了一个动手打对方的冲动和想要逃离的冲动同样强烈的距离。在这个两难的地方，史蒂文的内心纠结以一个肢体动作贴切地表达了出来，这个动作既想进攻又只能防

老师摘下托尼的围兜，两个孩子仍然四目对视。约翰在一旁专注地看着他们。

围兜从托尼头上取下，挡住了他的视线，但史蒂文仍然目不转睛地盯着托尼。

御。如果他做这个动作时距离托尼太近，老师看到会以为他真的能打到托尼，自己就会被责骂一顿。但是如果他距离太远，这个动作就毫无意义。一米远的地方，既维护了自己的尊严，又表达了足够的愤怒。这个选择并不是一个偶然性的决定，而显然是在这种情况下他的自然生理反应。通过这个例子，我们可以很清楚地看到，距离的差异会很微妙地改变一系列肢体动作的含义，也会反映孩子的大量真实信息。

孩子长到5岁以后，这个“打人”的动作就会逐步调整得更加容易接受，赤裸裸的威胁得以减弱，直到最后所有的进攻或防御信息都消失。在成人的肢体语言中，这个动作演变成了摸头发或挠后脑勺，而且和儿童一样，这个动作在男性身上更常见。遭同事群起攻之的男人伸手去摸自己的后脖子，对于懂得肢体语言的人来说，他显然是无法决定如何回应，或者是在竭力隐藏自己的真实感受。

托尼看到史蒂文的这个动作时相当明了对方的意思，而几步外的约翰同样明白。约翰也是3岁，他目睹了整个过程，注意到胆小的托尼如何通过大人，从厉害的史蒂文手里成功抢夺了大家都眼馋的玩具。这个成功的经验几天后他就尝试着活学活用，从第130页到132页的配图我们可以看看这个过程。这次是托尼坐在一辆小汽车上，约翰在一旁很眼馋，于是伸手去抓方向盘。托尼反抗着，一边用左手挡着半路杀出的程咬金，一边夸张地指向前几天刚刚帮过他的老师。他飞快地看了一眼老师，再回头盯着约翰。而约翰同样看看老师，再回头盯住托尼。托尼笑了起来，把指着老师的手转动了一下，强调自己的决心，这样持续了几秒钟。约翰开始有些犹疑，不一会儿放开抓着方向盘的手，悻悻地走开了。他们的肢体语言彼此非常明确。托尼在说：“你想让我再去找老师吗？难道不记得上次她帮了我吗？”他堆出来的笑容是要告诉约翰，自己并不想让事情对约翰不利。虽然自己是新来的，但不会因为对方厉害就轻易让步。这就像是邻居有争议时，很坚定的一方说：“你要再这么不讲理，我就叫警察了，你该不见得想那样吧。”

约翰明白自己暂时胜算不大，就往后退了两步，但这只是战术性的退让，绝不是全盘放弃。一个强势的孩子绝对不会让幼儿园里的那些弱势孩子占上风，这会影响到自己的社会地位，也绝对咽不下这口气。过了几分钟，等保护神老师走开后，约翰返回来，一把抓住小汽车，不费吹灰之力就成功夺了过来，自不量力的托尼乖乖举手投降了。

最常用的进攻信号是大张的嘴巴、显露的牙齿、圆睁的双眼、拧紧的眉头，以及厉声尖叫这样的组合。和其他动物一样，在血淋淋的打架之前，他们都会发出尖利的咆哮来迷惑、震慑对方。

伴随着狰狞的表情和威胁的尖叫，他们的身体四肢会紧绷起来，胳膊肘稍有弯曲，手半握起来，同时上身向前倾，这个姿势本身就是一个相当强势的信号。

这一套动作里的每一个信号都已经是相当严重的威胁，随着争端的加剧，它们会叠加组合。一般，最早的信号就是两个宝宝身体的紧张度，他们的手、胳膊、背部和肩膀都突然僵直起来。

然后，他们会长时间对视。无论大人还是小孩，即使其他表情非常平静，仅是这种长时间的对视已经相当让人忐忑。到这个地步，虽然没有那些明显被大人看作是挑衅的姿势或动作，战火已经在熊熊燃烧。如果这个时候，其中一个孩子转头走开，身边的大人也许永远都不会知道就在前一刻，两个宝宝简直剑拔弩张，而且其中一个已经气急败坏、焦虑万分。

但是如果这种局面持续下去，威胁信号会逐渐加强，各种好斗的肢

史蒂文走开了，但他的左手依旧停留在“打人”的姿势，说明他的内心仍然很挣扎，这件事情让他恼怒又不甘。

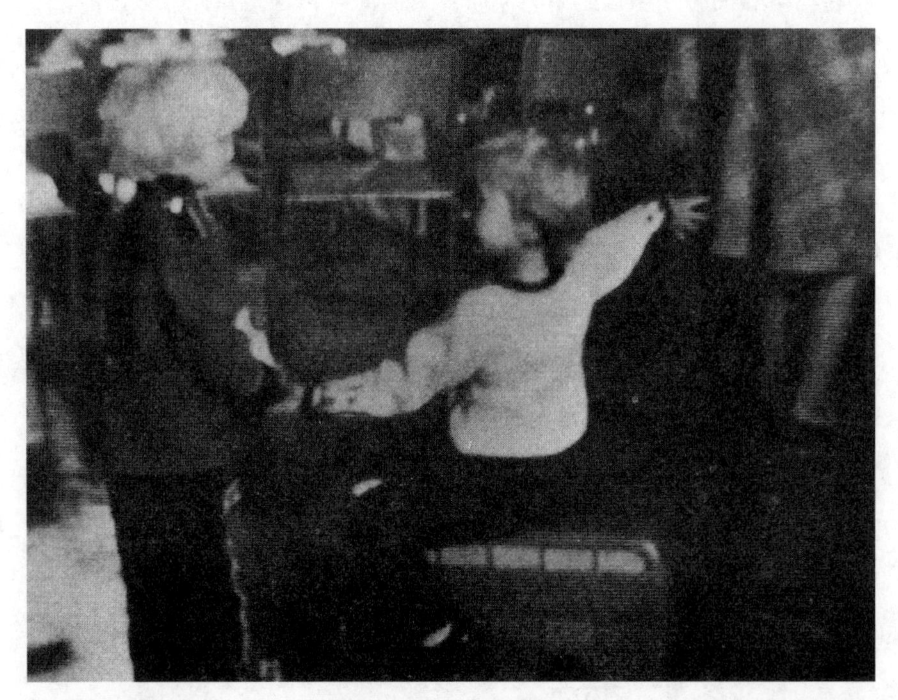

在脚踏车事件发生几天后，约翰想要从托尼那里把小汽车抢过来，而托尼在这几天后稍微自信了一些，抓着不放。

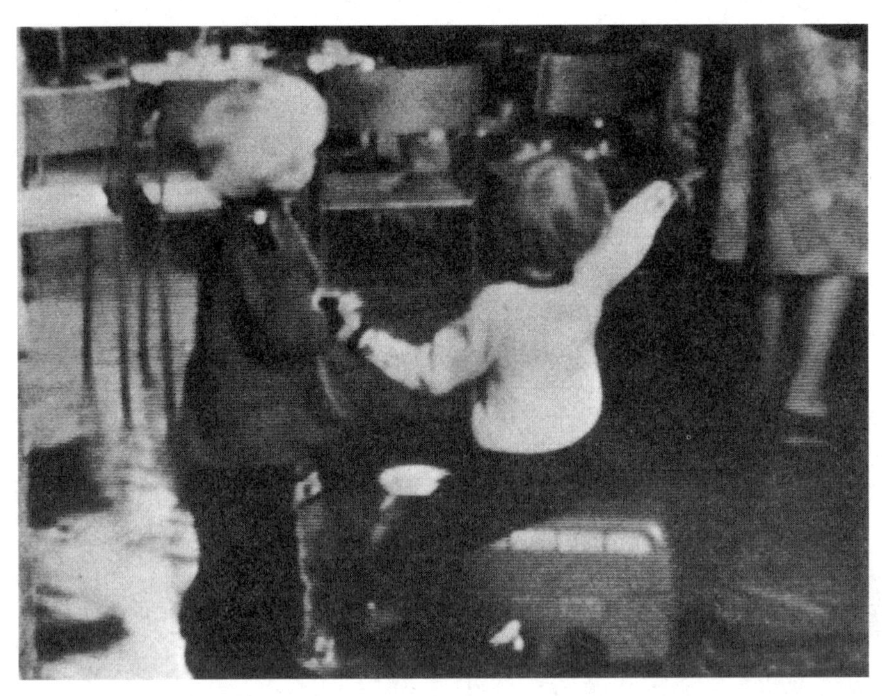

托尼坐在小汽车上不愿下来，指着前几天刚刚帮他抢到脚踏车的老师。两个孩子都望着老师的方向。

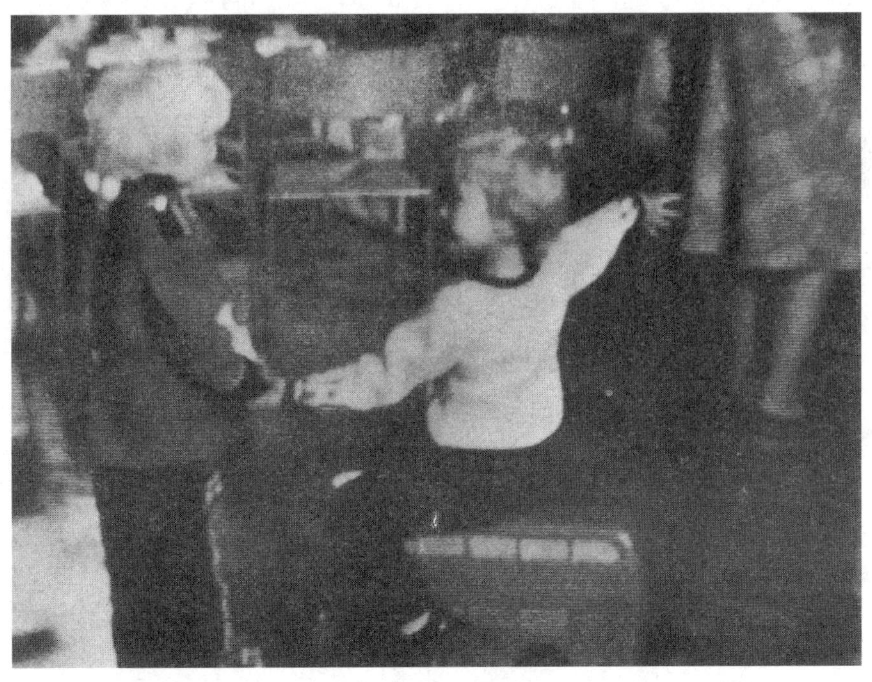

托尼又回头看约翰，两个孩子对视着，托尼把手张开，强调这个动作。

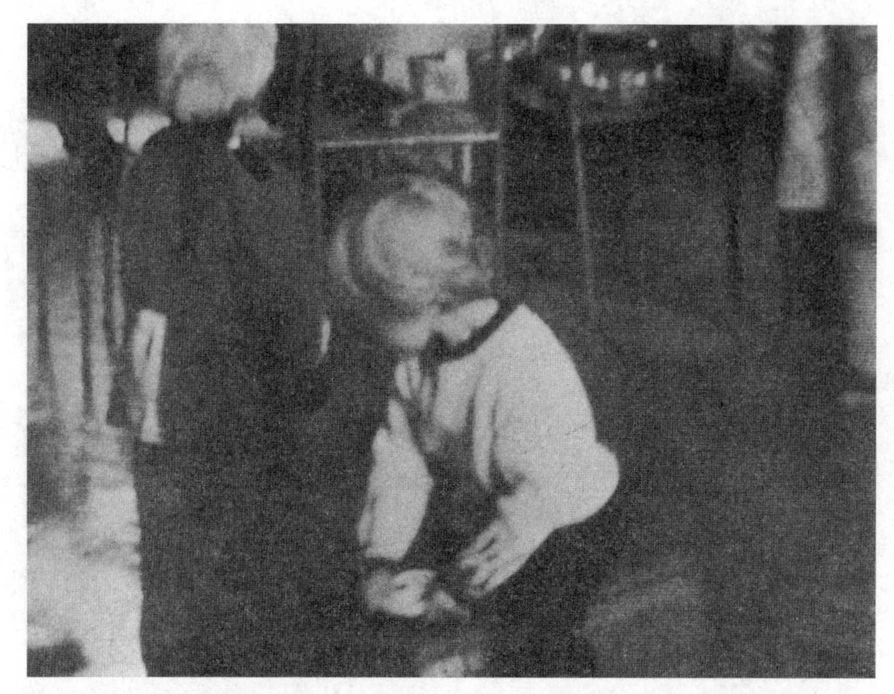

约翰退开了两步，因为他明白如果大人介入，肯定会去给弱势的孩子撑腰。不过，这个退让是临时的战术。

过了几分钟，老师不在一旁了，约翰绝地反击，不费吹灰之力就把小汽车抢走了。

体动作会加入进来，比如厉声尖叫、龇牙咧嘴、眉头紧锁等都会出现，局面持续升温，他们会互相靠近，挥舞拳头，猛拍双手，狂摔玩具，用力踢腿跺脚，做出“打人”的动作。在没有大人在场的情况下，下一步的局势发展基本要看宝宝们各自的行为类型。如果是强势进攻型的孩子和弱势暴躁型的孩子，或者偶尔是和弱势胆怯型的孩子，这种针尖对麦芒的对抗，动手的可能性很大。一两巴掌之后就会宣告结束。被揍的孩子先哭起来，做出蜷缩身体、低眉顺眼或遮挡脸等其他归降的姿态，然后赢家大摇大摆地得意走开。

当强势进攻型的孩子遭遇和他一样强势或具有进攻性的孩子，一场拳脚几乎在所难免。如果俩人都在出手之前后退，虽然似乎避免了一架，但已经酝酿起来的怒火必定要发泄到某个地方，往往是小伙伴当中的受气包。两个势均力敌的孩子会摆开架势，尖叫、跺脚、龇牙、怒目而视。这些拍手跺脚就像战鼓一样，鼓声越来越高，鼓点逐渐密集起来，都是在营造战前气氛。一旦气氛的紧张度到达最高点，双方都很清楚一旦真的动手，结局只能是两败俱伤，问题是，谁都不愿意第一个后退。要维护自己打下的江山，他们只能僵持而不是投降。所以，两个孩子会同时向后退，一个走到房间另一头，把一个受气包辛辛苦苦刚搭起的积木房子一脚踢翻，然后大叫一声跑到滑梯旁边，推开其他人挤到最前面。另一个原地站着不动，过一会儿走向旁边独自站着的小姑娘，一把把她推倒在地。

而强势领袖型的孩子和具有进攻性的孩子相遇时，结局往往并不会动起手来。领袖型的孩子会主动做出示好的姿态，率先笑起来，歪歪头，结束对视，递上一件玩具，或者更多的时候，他们只是耸耸肩然后走开。这时候，进攻型的孩子还是会找个路人甲发泄怒气。万一附近没有合适的受气包，他们会做出激烈的动作来达到发泄怒火的目的，比如在房间里尖叫着跑来跑去，用力跺脚捶地，或者随手捡起一件玩具使劲扔到地板或桌子上。

第 135 ~ 141 页的图片截取自一段很有意思的视频记录，可以说明孩子如何转移怒火。以下这段只有 11 秒的视频记录了 3 个都很强势的孩子在玩橡皮泥游戏时的情景。约翰和罗伯特两个相当强势的孩子都想要坐在桌子的同一端，4 岁的巴里是个强势领袖型的孩子，当时貌似并没有参与其中。但是研究人员将视频放慢，仔细研究过各个画面后，发现其实巴里和另外两个孩子不仅有互动，还很小心地保护自己的利益不会受到影响。如果后来没有老师的介入，两个孩子很有可能大打出手。请特别注意巴里视线的方向，以及他右手的动作。

## 图一

约翰想坐在桌边唯一空着的凳子上，但是不巧，罗伯特也正要在同一张凳子上坐下来，只是老师正在给他系围兜。他的身体立刻紧绷起来，皱起眉头，然后拿着手里的小擀面杖使劲儿敲了敲桌子，这个动作相当于给约翰发了个警告。突然的声音让围着桌子坐了一圈的孩子们都抬起头冲着这边看。

## 图二

约翰丝毫不把这个示威当回事，决定要坐下来，所以用力推了罗伯特一把，想把他从凳子上推下去。请注意观察约翰表情的进攻信号：他的嘴巴张成椭圆形，向外努出的下巴也加强了威胁的信号。罗伯特转身来迎战，把擀面杖举了起来（他的动作非常快，摄像机都没有清晰地捕

图一

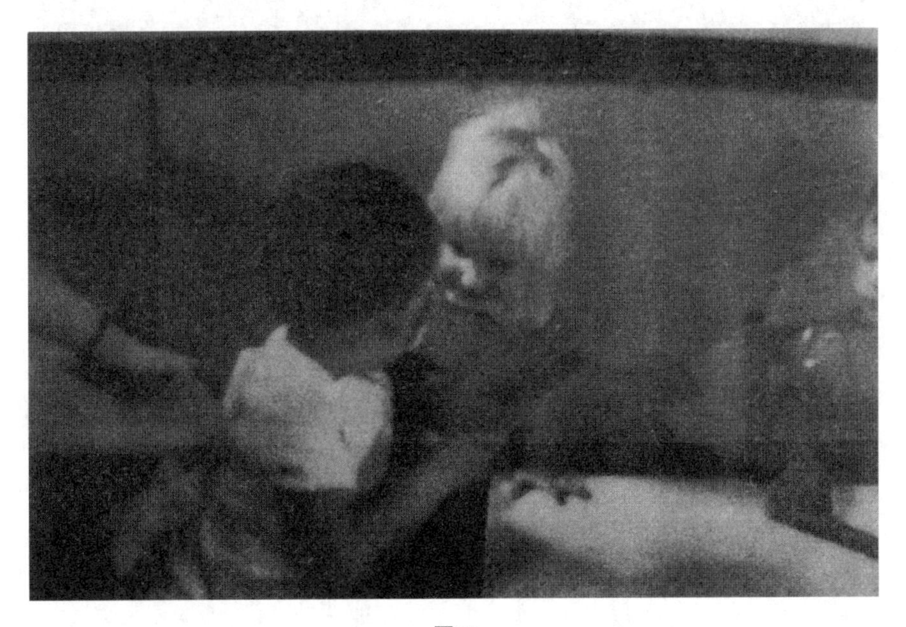

图二

捉到，所以图中的擀面杖有点模糊）。此时，坐在约翰左手的巴里紧盯着他们，同时伸出右手去抓自己的擀面杖。

图三

约翰的这一推力度不小，把罗伯特推得向右边倾斜，他把擀面杖举得老高，做出要打过去的动作。巴里的眼睛没有离开罗伯特，右手已经把自己的擀面杖抓住。他显然明白即使约翰此刻表现得更加具有进攻性，但是实际上武装起来的罗伯特的杀伤力要比没有武器的约翰更大。请注意，此时老师还在给罗伯特戴围兜。孩子们的战鼓已经敲响，而且快速升温，但是现场唯一的大人却毫无察觉。

图三

## 图四

约翰把罗伯特推得越来越远，几乎就要抢到凳子了。巴里仍然紧紧地盯着有武器的罗伯特，抓着擀面杖的手也攥得更紧。

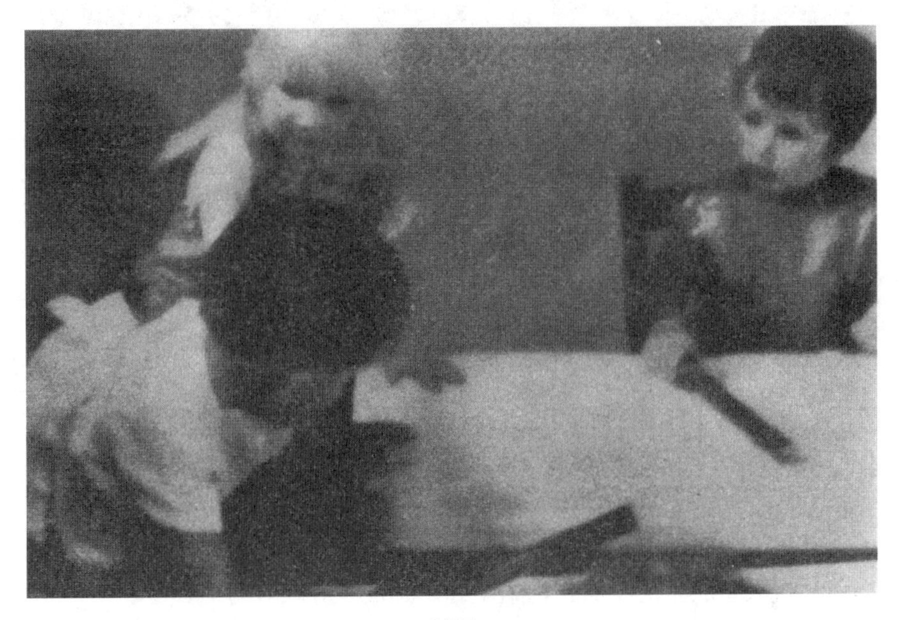

图四

## 图五

眼看着约翰就要赢了，老师喊了一声："不要推了。"这一叫分散了约翰的注意力，趁他转头去看老师的当口，罗伯特立刻右手举着擀面杖，左手把约翰猛推一把，收复了失地。罗伯特举起擀面杖的瞬间，巴里也同样举起擀面杖，继续紧紧地盯着罗伯特。

图五

图六

约翰成了防守方，罗伯特握着吓人的擀面杖，身体也颇具进攻性地向他冲过去。巴里的擀面杖也抬了起来，准备好随时防护自己。

图七

约翰左手按在桌子上，有些紧张地盯着罗伯特看，双方几乎要开战了。巴里继续警惕地观望着，手里的擀面杖也时刻准备着。

图八

约翰不再盯着罗伯特看。这个无声的密语翻译过来就是“我认输”。已经获胜的罗伯特不再继续攻击，而开始防守阵地。约翰低着头，左手在桌面大幅地划来划去。

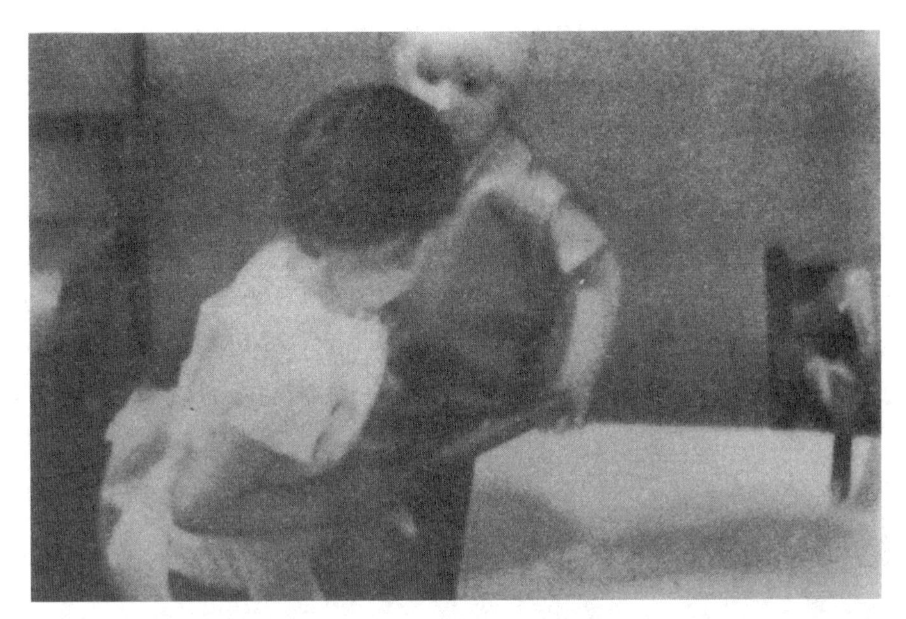

图六

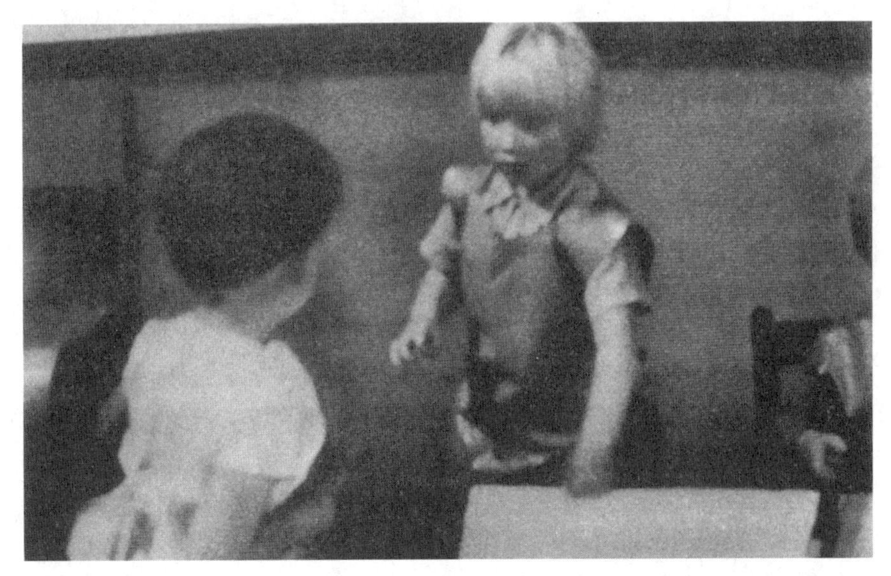

图七

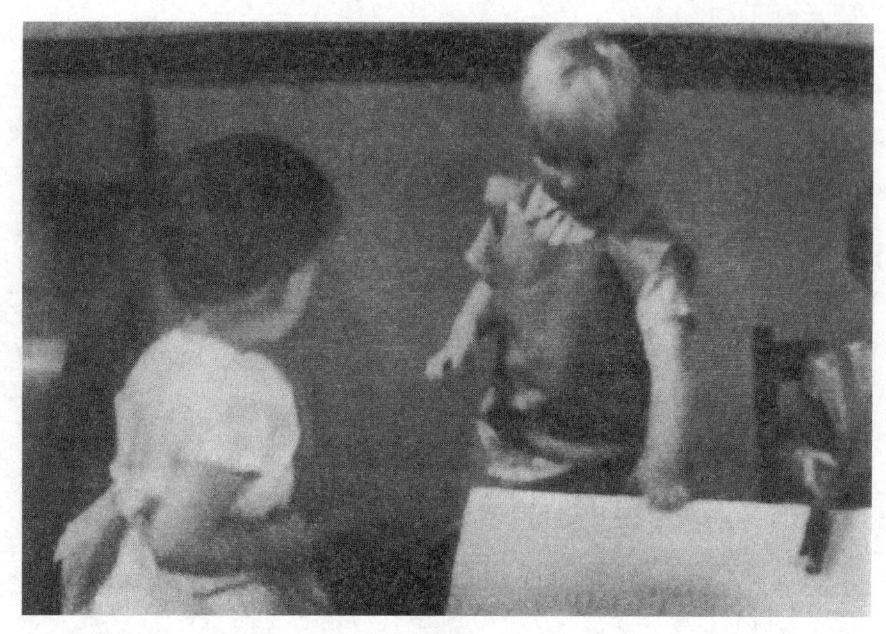

图八

图九

约翰的手划了几秒钟，这个动作帮助他化解了一些刚才累积起来的情绪。巴里这时认为事态逐渐得到平息，于是把手中的擀面杖放了下来。罗伯特依旧有些戒备，但也开始坐下去。

图十

两个男孩再次对视了一下，基本安稳坐好的罗伯特心满意足地笑着，约翰虽然对结果非常不甘心，但是他的怒火已经通过左手在桌上快速的划动化解掉了。这个时候，已经失去兴趣的巴里自己玩起来，继续拿着擀面杖擀橡皮泥。

如果当时没有大人在场并介入给罗伯特撑腰，两个孩子的你推我搡

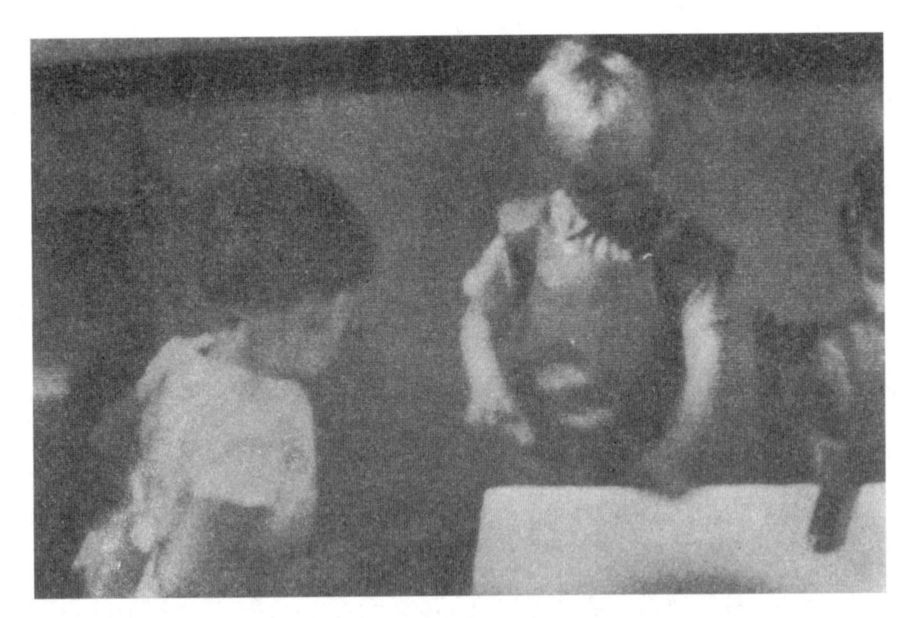

图九

图十

肯定会升级，直到最后分出胜负。没有第三方的介入，强势进攻型的孩子很少会主动让步。但是如果两个孩子中有一个是被动型的，事情会向完全不同的方向发展。从一开始，胆小或孤僻的孩子就不会去抢座位。即便这个被动型的孩子原本就坐在那里了，其他人要来抢也是易如反掌，因为他们几乎不会反抗。当然，如果有大人给他们撑腰，那就是另外一回事。弱势暴躁型的孩子刚开始可能会坚持一会儿，不过一旦感到要进入实战时就会乖乖缴械了。

小朋友动手的原因，和导致大人发火的原因并没有多大区别——领地和财产争端。发泄怒气是另外一种暴力行为，不过时间短得多。

争夺玩具、糖果等宝贝是小朋友吵架最常见的缘起。5 岁的西蒙把自己的几辆玩具小汽车带到了幼儿园，但他不让 4 岁的艾莉森玩。艾莉森站在一边看了一会儿，过去捡起一辆拿到了教室另一头。西蒙很生气，跑过来找她要。他眉头紧锁，胳膊绷直，上身向前倾，大声尖叫："艾莉森是坏蛋！"他挥舞着拳头，艾莉森把小汽车扔到地上，走开了。

3 岁的安东尼吃午饭时想要坐在自己的朋友雷切尔身边，过去几天他都坐在她身边，所以理所当然觉得这就是他的位置。但是 3 岁的彼得觉得轮到自己坐这个位置了。两个孩子尖叫着推搡起来，最后安东尼被推倒在地哭了起来，彼得马上坐了下去。

之前讲过，这套威胁恐吓的组合信号彼此配合，从绷直的身体到愤怒的对视再到挥舞的拳头，火药味会随着信号的叠加而增强。那么实际的打斗也会同样由低到高地递增吗？出拳的力度、击打的部位是完全随机的吗？还是每一拳每一脚都是经过深思熟虑、有意为之的？即使看上去再随意，这些招数也绝对不会毫无章法。小朋友的怒气再大，也不会一开始就使出撒手锏，而是会循序渐进地加强动作的杀伤力，他们使出的狠招远远逊色于内心的凶狠程度。

打斗动作会因 3 个要素的改变而不同。显然，第一个要素是打斗的力度。一个弱势暴躁型的孩子如果不得已要去打一个强势进攻型的孩子，他的动作会像蜻蜓点水一样不起作用。另一方面，强势进攻型的孩子在嬉闹游戏时就习惯于用力推搡。

另外两个要素是打斗的方式和目标部位。

下面按照强度轻重排列一下目标部位。

1）四肢
2）背部
3）胸脯
4）后脑勺或脖子
5）脸部

↓ 凶狠强度递增

打斗的类型比较难归纳，下图只能大致提供参考。同样按照强度轻重排序。

1）推搡
2）扇巴掌
3）踢
4）拧或拽头发
5）咬
6）出拳头

↓ 凶狠强度递增

想要正确理解小朋友之间的肢体冲突，需要注意打斗的细节，最后哭声的惨烈程度和声音高低并不能作为可靠的判断依据。已经相当害怕或焦虑的孩子，只要别人轻轻推一把，也许就会立即号啕大哭起来，而弱势暴躁型的孩子也许已经被打得鼻青脸肿了，还是强忍着不吭一声。但是无论是哪种类型的孩子，如果有大人在旁边，那么痛哭流涕的概率就更大一点儿。爸爸妈妈们都很清楚，小宝宝随时会动用哭泣这件武器来吸引爸妈的注意和安抚，必要时也用于惩罚“敌方”。

请一定注意观察孩子出击的方式、力度和目标部位，是推搡脚踢还是扇巴掌、出拳头，是使劲用力还是心虚无力，是打后背前胸，还是面部脖颈，等等，对于准确理解出击方的凶狠程度，这些信号可以提供一个大致的指导。与此同时，还需要注意是谁先主动出击，即使打斗结束，也还要继续观察赢家输家彼此的行为表现。通过对 5 岁以下儿童之间打斗吵架的观察，可以清晰地发现他们的社会秩序，以及宝宝的社会地位和性格脾气。

一般来讲，宝宝之间的争斗一会儿就结束了，来得快去得也快，而且基本不会有人严重受伤。从这方面来讲，宝宝们更理智一些，没有大人们那么冲动。同类的野生动物在打斗中不会直接撕咬对方的颈动脉，宝宝们也一样。他们都明白打架的目的只是以最快的速度分出胜负，并不是真的要致伤见血。无论是在幼儿园还是在丛林里，宝宝们和野生动物都很清楚任何一招一式都自带风险。这些风险不仅仅是受伤后自己变成弱者，成为其他动物的攻击目标，也是万一失利自己会全盘皆输，在小伙伴中间的颜面尽失。在幼儿园里，颜面地位绝对更重要一些，小朋友们的第一考虑是保住自己的地位，只有以最少的精力和最短的时间就打赢，才值得去争取胜利。拉架的大人经常情不自禁地训斥："干吗不和你一样大的孩子打啊？！"事实正是因为软柿子才好捏，从这个角度看，欺负身不强力不壮的小朋友正是强势进攻型孩子最理智的选择，对方越软弱，自己越容易打赢。反过来说，收益递减法则在这里同样适用，所以那些最软弱可怜的胆怯型和孤僻型孩子往往没有人欺负，因为即便赢得再多，这些轻而易举的胜利也不会给自己脸上增光添彩。那些厉害角色往往是男孩子们，实在不屑于在那些小可怜身上花功夫。

## 事关江湖地位，与争夺宝贝无关

表面看起来，大部分让5岁以下孩子争得不可开交的起因貌似都是些小玩意儿，他们的宝贝——那些你抢我夺都想玩儿的玩具，那些你推我搡都要争的队首。如果说教室里有个角落抹了蜜，肯定会有争强好胜的孩子挤破了头都要站过去、坐过去、躺过去。

其实，最重要的并非"拥有"任何东西或地盘，而是这种"拥有"本身备受瞩目。当然，玩具可以带来短暂的兴奋，但是成功将众人觊觎的东西揽入怀中，孩子就在小伙伴之间建立或保住了自己的地位。而这个地位带来的长远好处大大超过玩具带来的满足。所以，打架争夺的是地位，而不是东西。我们经常可以在幼儿园里看到小朋友刚刚还为了一件玩具打得不可开交，但是一转眼，成功抢到宝贝的赢家却没了兴趣，转手把玩具丢在一旁。

强势进攻型的孩子会通过言语恐吓或拳打脚踢抢过大家都想玩的玩具，主要目的是一来维护霸主地位，二来警告其他孩子休要痴心妄想。同时，这种争斗给了孩子证明自己实力的机会。因此，5岁以下儿童之间经常发生的吵吵闹闹并不只是孩子需要发泄压力，更是小集体中社会秩序地位的重组，也是建立及维持权力结构的必要方式。

这也是为什么大人的介入可能弊大于利。小朋友刚刚通过自己的实力赢得玩具，成功地建立了自己的江湖地位，结果大人从天而降夺走了胜利果实，让人家颜面尽失。有些场合貌似必须得有大人出面，但是建议大家一定要谨慎处理，因为大人的出发点再好，这种介入往往于事无补甚至贻害久远。暴躁的孩子受大人批评后往往会变本加厉，试图挽回面子，恶性循环由此开始。另一方面，对于胆怯或孤僻型的孩子而言，他们仅仅是由于大人干预获得了短暂的庇护，却失去了学习如何恰当应对类似局面的机会，自信也不会得到增强。相反，这些弱势的孩子会越来越依赖大人的支援，无法学会自强自立。孩子们此时需要的是游泳教练，而不是救生员。

这里并不是全盘否定成人的支持和引导，在正确的时间以正确的方式提供支持极其重要。弱势的小朋友需要学习如何勇敢应对没来由的欺负，这样才能逐步成长为领袖型孩子。同样，暴躁的小霸王们也必须在大人的指导下学会恰当地消解外部压力和内心的焦虑，而不总是通过暴力来发泄。这不仅会让周围的小伙伴更愉快，他们自己也会更轻松一些。总的原则是，对待孩子多一点儿耐心多一点儿理解，多一点儿指导少一些强求，他们才能逐渐顺利融入社会。

## 外在的焦躁源自内心的焦虑

孩子的内心再自信强大，也会有压力山大的时刻。但是有些孩子进入任何群体时都会处于持续焦灼不安的状态。这些孩子一般都很孤僻，戒备心很强，周围再热闹，他们总会远远观望。他们的焦虑、不安、孤独、痛苦无法消散，即使再粗心大意的成人也会注意到，觉得这些孩子有点不大对劲。其他宝宝感受到的压力和释放的焦虑信号更隐蔽一些，不那么容易觉察到。

在前面的案例中也看到，即使是在冲突过程中，他们的这种焦灼也是隐藏在威胁信号中，孩子的挣扎可想而知。蒙塔尼尔教授检测到的体内激素分泌水平就说明了孩子的纠结。

无论是看到其他孩子之间发生了冲突，还是附近的大人对自己的一位小伙伴发出威胁信号，都会让小朋友感到不安。如果他们自己成了其他孩子或大人的目标，这种不安就会达到最高点。

由恐惧而生的无声信号可以分为两种不同类型。一种是以明确沟通为目的，宝宝想要对他人表达自己的焦虑。另一类是内心世界的不自觉表现，宝宝并不是故意要让别人洞晓自己的内心活动。下面来看两个例子，说明这两个类型之间的细微差别。

微笑是相当常用的取悦信号，这一点在第四章已经说明。强势领袖型的孩子看到别人对自己笑，也会笑起来，或者当他们想要对其他同样强势的孩子示好求和时，也会主动微笑起来。而被动型的孩子更容易露出笑容来讨好别人，尤其对那些在小伙伴中的地位比自己高的孩子。伴随这个谄媚的笑容，他们还会结合其他示好的肢体信号表达："不要伤害我，我没有任何敌意，不具任何威胁。"

对参与游戏犹豫不决的小朋友会站在一旁观察一会儿，这时，他们会做出吮吸大拇指、搓头发或者拽衣角这些动作。有些小男孩会不自觉地玩弄自己的生殖器，或者提提裤腰，而小女孩的这种动作比较少，她们会攥住裙角或扭着手指。即使孩子们触摸生殖器或周围，这些动作都和性毫无关系，而是源自他们内心的担忧和害怕。一些孩子会长时间吮吸大拇指，这些地方的皮肤会起皱甚至裂开。成人看到这些裂口时应该明白孩子正在经受巨大的挣扎与不安，同样，经常性地揉头发，或者抓挠身体的不同部位（尤其是脸部和头部），都表明孩子们内心极度焦虑。这些动作往往会导致皮肤出现红斑或红点等轻度异常，虽然对身体的影响微乎其微，但这恰恰是他们内心深处恐惧的表现，反映出孩子的生活环境让他们紧张。这些动作的主要功能是自我安慰，宝宝抓挠抚摸自己的身体会减轻或至少隐藏自己的不安。焦虑的成年人也会表现出同样下意识的动作，他们会用手指梳理或抓扯头发、摸脸颊、转纽扣、搓双手、揪鼻子，或者其他心神不定的小动作。下一次坐飞机时可以试着去观察一下那些对飞行恐惧不已但又想竭力隐藏的乘客，他们外表貌似平静，甚至相当轻松，但一有机会他们就会有类似不引人注意的细小动作。

小朋友做这些动作时不一定会哭，我之前讲过，眼泪并不能证明宝宝很焦虑，有很多和害怕无关的理由会让小朋友抽泣起来，比如想要大人抱，求大人做救兵，或者受到其他小朋友的感染不假思索地加入哭泣大军。让许多人更想不到的是，小男孩比小女孩更爱哭。但是不管女孩还是男孩，更容易让他们号啕大哭的不是肢体的伤痛，而是和别人相处时的冲突。自己走路时摔一跤，宝宝不见得会哭，除非旁边有大人在场。但是嬉闹时被其他小朋友推了一把、跌坐地上的宝宝更可能委屈地大哭起来，无论旁边是否有大人在场。

和生气时的哭泣或想报复的哭泣不一样，焦虑的哭泣往往会伴随许多触摸自己甚至“自残”的动作。

上幼儿园第一天或者是新加入游戏的小伙伴往往怯生生的，他们首先会不安地观望。当然，如果小伙伴们当中有自己的哥哥姐姐，或者已

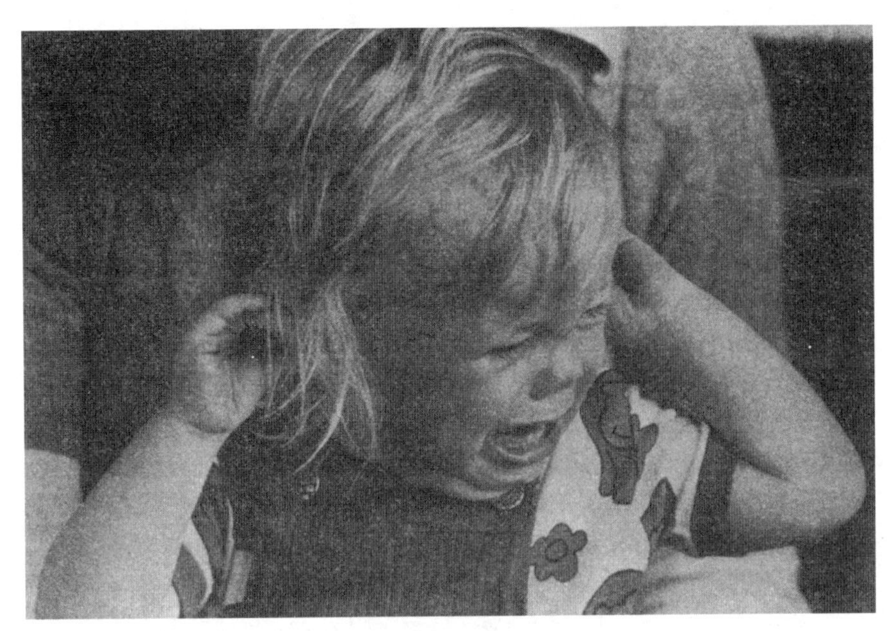

孩子焦虑不安的时候，会不停地触摸或者揉按身体的不同部位。这种信号相当明显。上下图中，刚 1 岁的宝宝和 3 岁的宝宝有同样的动作。上图的基兰因为妈妈走开了，很焦虑地抓挠自己的耳朵。下图的托尼第一天上幼儿园，老师把他拉到小伙伴面前时，同样很局促地摸着额头。

经有认识的小朋友，宝宝就不会那么害怕。但是，陌生的环境和集体会给宝宝造成巨大的焦虑。除了前面提到的那些针对自己身体部位的动作，宝宝还会长时间一动不动地警惕观望。他们有的会吮吸手指、手绢或娃娃等熟悉的东西，或者会咬嘴唇、舌头，不断耸肩。一旦有其他小伙伴看过来，他们马上目光躲闪甚至低下头去。有些胆小的孩子甚至会一直低着头，从来不敢抬头看人，生怕有任何对视。哪怕在走路时，他们也会低着头，下巴抵在胸前，双手垂下沿着墙根慢慢走路，小心翼翼地摸索新环境。他们的首要目的是不和任何人接触，无论是充满敌意的还是友好的接触，他们希望躲在墙角，没人理会自己。刚开始的几天，他们很可能会哭着抓住爸爸妈妈不放，或者亦步亦趋地跟着和蔼的老师。女孩的适应能力更好一点儿，没有大人在身边也不会过于焦躁不安，也没有小男孩哭得厉害。再过一两天，大部分的孩子都会基本适应，情绪稳定下来。只有一些年纪非常小也极其胆小的孩子会继续不敢和人对视，年龄和心智注定了他们只能是最不受待见的受气包。

男孩们对于新来小伙伴的态度往往是不加理睬，他们若无其事地打量一下，就掉头和自己的“老朋友”继续游戏。女孩会更友好一些，她们会对新加入的忐忑的小伙伴露出微笑，甚至跑过去牵起手，充满鼓励地抚摸对方，把她们拉到自己的玩伴当中。男孩们也会对新来的小伙伴比自己的“老朋友”稍微温柔一点儿，至少在最初的几天。原因很可能是新生们局促不安和随时妥协的信号极其强烈，既不会争夺玩具，也不会抢夺地盘，显然不会对自己的地位造成任何威胁。

外在的焦躁和内心的焦虑就像是硬币的两面相生相伴。所以，在教训爱打人的孩子之前，成年人应该先仔细观察思考一下，有没有什么内在原因导致孩子经常性出现暴力行为。在责怪胆小的孩子“不够自信、

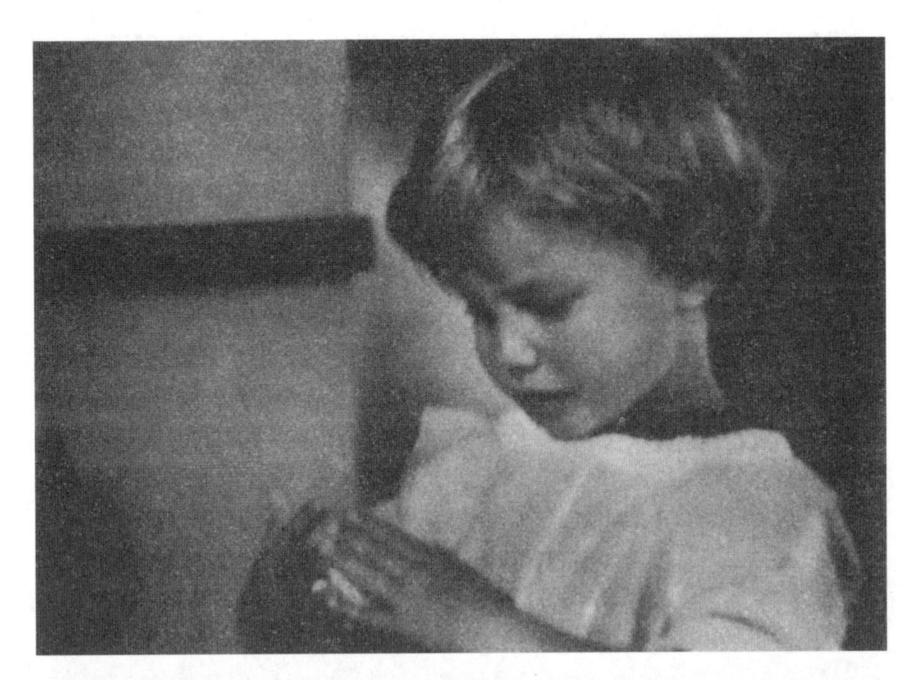

哭哭啼啼地揉搓着双手，显然孩子内心压力很大，非常焦虑。小朋友往往通过类似对自己身体部位的揉搓或“自残”来表达内心的恐惧。托尼第一天上幼儿园，非常不开心。

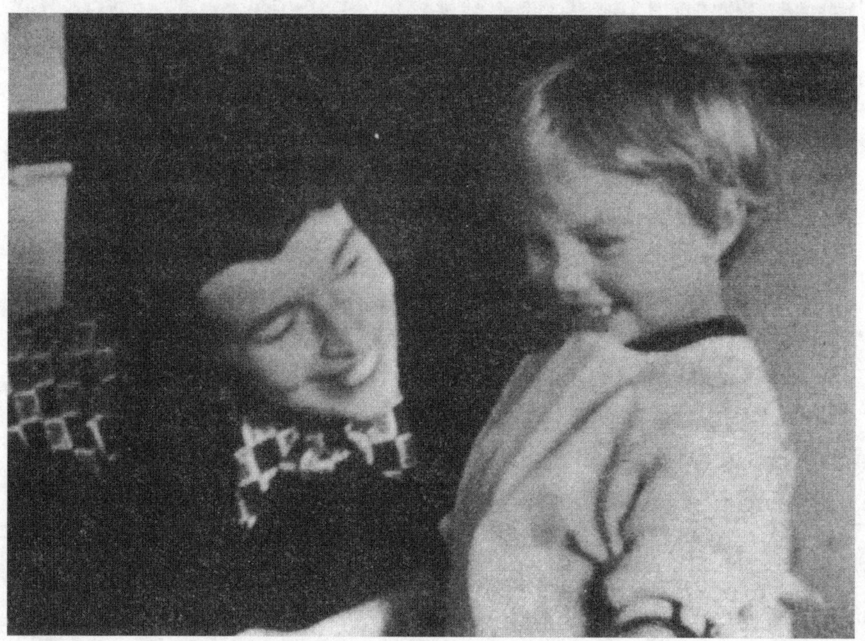

前一章里讲过的示好动作在这里得到了细心的幼儿园老师的示范。老师蹲下来，脸上的微笑和稍稍倾斜的头很快让托尼感受到支持，他不一会儿就破涕而笑了。

没有骨气”之前，我们也必须要综合考虑一下孩子所处的环境，才能明白他们面对的挑战和对手。大多数爸爸妈妈都在竭力设身处地理解孩子，但是光有同情心和公平对待是不够的，往往于事无补。父母的首要任务应该是了解孩子的焦虑因何而起，这就要细细研究孩子的生活习惯，浮光掠影地观察或询问没有用，爸爸妈妈要深入到细节中，详细记录孩子焦虑害怕或者挑衅好斗的时候。父母也要利用自己学到的无声语言的知识尽量去辨认这些情绪的最初时刻。等爸爸妈妈发现并明白了困扰孩子的处境之后，就可以着手来逐步化解。比如，爸爸妈妈可能会发现孩子在家里对自己的弟弟妹妹指手画脚，但到了幼儿园，周围都是大些的孩子时就变得不安孤僻；或者有些孩子在一大堆孩子中间表现得相当自信甚至霸道，但是在一小群孩子里面就变得乖巧讨好。

责骂不是纠正或制止暴躁的方法，父母们再给孩子打气，让他们“挺直腰板”，也不见得能让宝宝立刻摆脱受气包的身份。相反，这两种常见的办法或许会让孩子更加焦躁不安，对自己产生怀疑，让事态恶化。在接下来的第八章和第十章，我们将分别讲述父母如何运用无声的肢体语言来更加有效地帮助孩子。

# 第七章　手势和目光的含义

宝宝主要通过眼神和手势与大人沟通，他们所有的怀疑、犹豫、疲惫、冒险感受都在一个眼神、一组手势的无声语言中。很可惜，大部分时候，身边的成年人并不明白这些信号的重要性，不是误解就是视若无睹。最常见的情况是，我们压根儿都不知道孩子正在努力向我们伸出交流的手。

一岁半的简在花园里玩，突然站住不动，举起手指着矮草丛，眼睛紧紧地盯着妈妈。一岁三个月的罗纳德和爸爸在郊外散步，忽然停了下来，吮吸着大拇指四处张望。我们让爸爸妈妈试试解读孩子的动作，他们都瞪着眼睛，迷惑不解："什么动作？没什么意思吧？"或者："没什么！孩子肯定想起什么事了。"

这样的回答很常见。大人们对孩子的微笑、皱眉、小动作等习以为常，他们明白孩子在通过不同的表情和动作来沟通。但是像上一段里描述的这些偶尔发生的动作似乎没有由来，爸爸妈妈就辨识不出它们的语言信号了。的确，很多无声语言的信号相当不常规，也有许多很容易被误作宝宝随便做出的动作而已。想要学习亲子沟通的成年人，需要上的第一课应该是——千万不要对孩子的任何动作掉以轻心，认为它们毫无意义。

## 刚会走路的孩子的表达

沟通不畅有时候会让爸爸妈妈和孩子都灰心丧气。23 岁的妈妈萨莉带着不到一岁半的儿子詹姆斯去公园。詹姆斯是萨莉的第一个孩子。所以比起那些有经验的妈妈，她对宝宝的肢体语言还不怎么敏感。

她推着婴儿车和詹姆斯一起来到公园。一进公园，小男孩就自己跑着玩，妈妈坐在一旁的草地上看着他。好奇的小朋友一会儿摸下树根，一会儿抓把沙子，四处探索。他蹲下来捡起一块儿石子往嘴里放，妈妈看到了着急地喊："别淘气……别放嘴里。"

小男孩扔掉石子吸了吸手指继续玩，他用手在草地上来回划拉，玩得很开心。不一会儿，他就失去耐心，掉头看着妈妈。萨莉看到了，冲他挥了挥手。詹姆斯站了起来，把右手的大拇指塞到嘴里，走向萨莉。在距离妈妈 3 米左右的地方，他停下来，冲公园门外的马路瞄了一眼，然后盯着妈妈的同时用手指向马路。

妈妈着急地说："詹姆斯，不行。不能到那儿去，回去……"她指着公园里草地上平缓的小斜坡。詹姆斯看着她，没有挪动。萨莉挥了挥手，努力让自己的意思更明白一点儿，又用力冲草地指了指："去那边……"

小男孩站着一动不动，又把大拇指放到嘴里。过了一小会儿，他弯下腰从草地上拈起一朵别人扔掉的小花，站起来很急切地走向妈妈。萨莉看到很开心："是给妈妈的花吗？乖宝宝！"小男孩走到离她不到一米的距离，忽然把花扔掉转身走开了。妈妈一脸失望，伸手把花捡了起来。

詹姆斯在草地上继续玩了十来分钟，又走向妈妈，他停下来挥了挥手。

萨莉笑着冲他说:“不要再跑了。我们回家吧。”小男孩跑向妈妈,举起双臂,萨莉满意地笑,不假思索地立即弯下腰把他抱了起来。

短短的公园小游,这个小男孩做出了许多小宝宝最常用的肢体动作,有一些是明确地主动和妈妈沟通,还有一些是在探索未知的世界时下意识的动作。

那么他想通过这些动作告诉妈妈什么,这些信号又透露了哪些关于身心成长的信息呢?

## 指向

小朋友总会做出类似大人指方向的动作,父母也总以为孩子是要给他们指某个东西。我们成年人用手指的时候,目的是强调或者澄清,用来辅助类似于“那是什么”或“沿着这条路走到那个街角”的口语表达。小宝宝举起手指时,成人会误以为宝宝想要去所指的方向,或者宝宝想要给大人指出某样东西。其实,宝宝经常用手指,但这个动作很少会和成人的意图相同。

### 平衡之指

詹姆斯从妈妈身边走开时,一边走一边抬起右臂,到和地面大约平行的高度。他的手指稍微蜷起,食指指向树根。如果是成人做出这个动作,意思显而易见:“我要去那里。”但詹姆斯在这个时候并没有通过这个动作发出任何信号,举起的手臂主要是帮助他在高低不平的草地上行走时保持平衡。就像走钢丝的杂技演员需要抬着平衡杆一样,刚刚学会走路的小宝宝也需要抬起手臂。詹姆斯开始走路才不到一个月，举起的胳膊不仅可以帮助蹒跚的步履保持平衡，也可以让他不那么害怕，万一向前跌倒时还有双手能先挡一下，而不会直接面部着地。即使宝宝已经走路很稳了，在嬉戏或跑向爸爸妈妈的时候，还是会不由自主地举起胳膊来找平衡。这种动作很容易辨识：地面高低不平，孩子的手臂就抬了起来，双手晃着，就像走钢丝杂技演员的平衡杆那样轻轻摆动。一般来说，小朋友可能会随意地四处张望，这个动作和眼神的关系并不密切。

### 冲突之指

宝宝做出这个独特的动作时，一般站着不动，时间点往往是结束一场游戏下一场游戏开始之前。刚刚还兴致正高的宝宝会突然停下来，挺直身体，纹丝不动，然后抬起手臂，目光四处游移，仿佛在想下一步该做什么。这个动作让人比较困惑的地方在于，它的发生貌似毫无征兆，和时间地点没有任何关系。宝宝虽然指向某一具体方位，但并不见得就想前往这个方向。这个动作往往伴随着飘忽不定的眼神，似乎映射出宝宝内心的不确定，而不是受到外部的影响。宝宝似乎在对自己下一步的计划有疑问，所以表现出模棱两可的动作。这个动作一般只会发生在年幼的宝宝身上，等到两岁时，就从肢体语言系统里自动消失了。

### 自卫之指

一岁以下的宝宝很少会指出他们看到的东西，但是等到一岁三个月大时，几乎所有的宝宝都会用到这个动作。在这里同样需要指出的是，宝宝们的这个动作和成人的动作含义并不一样，传达信息的方式也不尽相同。

成年人看到有意思的事情时，抬手指出的这个动作非常轻快，目光也会在身边的人和所指的事物之间来回。下面举例看看语言、眼神和肢体动作是如何结合起来的。大街上，一位女士看到马路对面站着一位熟人，转头对身旁的朋友说:“那不是多琳吗？”同时，她的手抬起来，手肘稍微弯曲，食指指向她提到的目标。与此同时，她的目光也会先望向马路对面的熟人，再转回来看看身旁的朋友，眉毛上挑来强调自己的问题。如果朋友还没有看到或认出熟人，她就会把胳膊再尽量伸直一些，试图更加精准地指出对方，再转回来和朋友对视一下:“不，是马路边那辆车旁边站着的那个穿蓝衣服的女人！”

而宝宝抬手和目光指向的动作顺序不同。他会先举起手臂，伸出食指，快速冲这个方向扫一眼，然后转移视线望向妈妈。和妈妈视线对上以后，宝宝会继续看着妈妈指向这个方向。即使爸爸妈妈都在一旁，几乎所有的宝宝都会向着妈妈而不是爸爸，发出这个极其特殊的信号。

宝宝只想和妈妈来沟通自己看到或者想象到的东西，是让这一动作区别于所有其他无声语言信号的特点。如果是由宝宝自己内心的冲突或希望改变方向导致的指向动作可以向着爸爸妈妈的任何一方，甚至陌生人。有时候，宝宝会冲着陌生人挥手或者做出其他肢体动作发送信号。但是“指加注视”从不会向着陌生人发出。妈妈如果就在身边，宝宝会用另一只空的手去轻拍妈妈的手臂或大腿来引起她的注意；如果妈妈有一点儿距离，宝宝就会持续地注视着妈妈，直到对上她的目光。母子沟通使用的这一信号永远奏效，有时候即使许多对母子混杂在一起，通过观察他们的对视，就很容易辨别出来哪个宝宝属于哪位妈妈。

一般来说，妈妈几乎会模仿宝宝的所有动作，但是并不会模仿“指加注视”这个动作，这是这一信号的另一个特点。通过模仿宝宝的动作和表情，妈妈会纠正或者鼓励这些信号的发送。母子之间的互相模仿是宝宝学习掌握大量无声语言的主要方式。但是对于“指加注视”这个动作，成年人不但不会模仿，反而经常无法理解。在之前关于成人误解宝宝语言的案例中，提到1岁4个月的凯伦，因为指小水塘受到妈妈批评。另外一个案例中，指着马路的詹姆斯也让妈妈紧张得不得了。两位妈妈都以为这个“指加注视”的动作意味着宝宝想去所指的方向，但这种理解只是成年人一厢情愿的解读，3岁以下宝宝的这个动作并不包含这层意思。3岁以上的宝宝一旦有了既定方向和目标，就不会看着妈妈，而是会望向前进的方向。到这个年龄，“指加注视”这个动作基本已经从他们的无声语言词典里消失了。

宝宝在发出这个信号时，往往站着一动不动，体态非常警觉。即使他们不声不响，任何人都能看得出来他们有相当重要的事情想要表达。具体这件重要的事是什么，我们往往不得而知。但显然有什么东西吸引了宝宝的注意力，让他受到惊吓或感到困惑，所以急切地想要告诉妈妈。

遗憾的是，我们往往无从得知到底吸引宝宝注意力的是什么东西。即便在宝宝所处的环境周遭翻个遍，也不见得能够找到任何异常。就算是身边的妈妈也无法明确指出，到底是什么让宝宝突然僵直不动，举手指着别处，眼神专注。她们往往无奈地耸耸肩，将其归结为小朋友毫无头绪的举动。但是这种结论并不正确，爸爸妈妈不理解并不意味着宝宝的动作毫无意义。这个动作的目的可能是自我保护。

对于宝宝而言，他们正在学着理解身边的花花世界，现实和想象之间的界限并不那么清晰。这种突发的警觉或者兴趣很有可能仅源自他们的想象。

另外一种可能的解释是，宝宝和成年人的视觉差异。将物体置于立体世界中的透视技能要经过很长时间才能习得，小宝宝多数时候并不明白，那些看上去很小的东西可能是远方的大型物体，他们以为伸手就可以够得着的小积木，实际上很可能是远方的摩天大厦。所以，宝宝很激动地指出来想分享给父母的东西，也许远在几百米以外。因为远，所以爸爸妈妈不予理睬，但对于宝宝来说就近在咫尺。何况，成年人已经对几乎所有的事物习以为常了，当然不会像宝宝那样，觉得世界的一花一草都是新奇的。那些风中飘落的秋叶、歪着脖子的树干、古老石墙上的裂缝、草地上打滚的小狗，在成人的眼里不足为奇，却会让宝宝欣喜不已。

人之初学无涯，这个世界有大量的信息需要孩子在最初的几年里集中掌握，再庞杂的信息都必须在最短的时间以最高效率一一获取并消化。一切都那么奇怪、神秘，甚至危险，而他们学习的方式只有一种：亲身实践、不断探索。他们会把所有的东西都放到嘴里吮吸、品尝，或者不断把玩、凝神注视、上下打量。他们一旦有任何疑问就会很自然地求助于给予自己最大支持的人——妈妈，无所不能、无所不知、无所畏惧的全能妈妈。一般来说，宝宝对妈妈的信任度最高，她是这个未知世界里永不凋落的北极星，她光芒万丈，不容置疑。

所以，很可能真相是这样的：宝宝看、听或想象到了某个自己无法辨识的东西，他的小脑袋从未存储过相关信息来与此配对。可能是一个突发的动作，可能是从未听过的声响，也可能是个奇形怪状的东西，甚至很可能只是无法辨清现实与幻想的困惑。对于宝宝来说，这一刻关键的问题已经不再是“那是什么”，而是：“那个东西会伤害到我吗？我要不要紧张起来？”妈妈才是唯一掌握着答案和真相的人。

能否在最短的时间内获取最准确的信息，对于石器时代的小宝宝意味着生死一线间的区别。就是在这个阶段，宝宝的“指加注视”动作进入了无声语言的词典，成为主要的词汇，它的所有组成部分无一不是为了增加宝宝的存活概率而设计。

孩子站着纹丝不动，就不会轻易被敌人发现，他的身体紧绷着，“逃跑或反击”模式已经启动，随时准备着打或跑。宝宝这时不发出丝毫声响，任何细微的声音都有可能引起对方的注意，招致“杀身之祸”。宝宝高度警觉，在飞速记住对方的位置后，立即将目光转向自己的妈妈。她的反应会告诉自己一切急需的答案，这个东西也让妈妈吓了一跳吗？让她飞奔过来救护自己？或者她一点儿都不担心，仍然怡然自得地坐在那儿面带笑容。可惜，大部分的时候，宝宝收到的反馈是妈妈的无动于衷，因为她根本不懂宝宝在干吗，接收不到宝宝的信号。不过即便如此，对于宝宝而言也已经足够了。至少，妈妈不担心，他也就无须害怕了。宝宝放松下来，开始新的游戏。“指加注视”的动作往往标志着一个游戏的结束和另一个游戏的开始。

这个动作总会按照既定的顺序发生：宝宝先停下来手头的游戏，发出“指加注视”的信号，然后进入新一轮的游戏。有的宝宝每隔几分钟就会做出“指加注视”的动作，而有的宝宝不会这么频繁。随着宝宝逐渐长大，对于世界的了解也越来越多，小脑袋里存储的信息也越来越丰富，会让他们困惑或惊吓的情况也就越来越少。但是从开始爬到两岁半这个时期，几乎所有的宝宝都会不时地发出这个简单而强大的信号，然后通过妈妈对此的反应来探索并了解周遭的世界。

在那个阳光遍地、安全温暖的小公园，我们观察到的不仅是小朋友的一个动作，而且是人类进化史上神奇的一幕。那些草丛深处斑驳的树影，是安全还是危险，不到半秒钟的反应速度，曾经完全左右这个小生命的生死存亡。

## 去向之指

随着“指加注视”动作逐渐消失，指向这个动作的含义就只表明宝宝想要前往的方向。和之前的动作一样，宝宝的胳膊会抬起来，但是就像大人一样很快落下去，孩子只是很快地看一眼爸爸妈妈，然后望向所指的方向。宝宝第一次做出这个动作一般是在刚开始蹒跚学步时，从之前所说的“平衡之指”演变而来。

大人总是会用这个动作来命令宝宝往哪个方向去，但宝宝往往会错了意。不到 14 个月的宝宝很难理解手的指向和远方物体的关系，在他们眼睛里，双方完全风马牛不相及。即使父母就在身边，也提供了许多辅助线索和信号，比如大声地鼓励叫嚷，手指上下晃动，目光凝视远方，但宝宝就是摸不着头脑。但是等宝宝再长 10 来个月，站在父母身边就已经能够明白手指的动作和远方目标的联系。可是，如果和爸爸妈妈有些距离，宝宝就又可能搞不懂了。詹姆斯在公园里貌似想要去马路上，所以妈妈严厉地叫住他，手指向公园里更安全的地方。其实詹姆斯是带着问题望向妈妈的，但妈妈的反应却让他更不解，所以他并没有听从妈妈的要求，而是继续站在那里紧盯着妈妈，想要解读她发出的信号，找出信号和自己问题之间的关联。他吸着大拇指，一脸的困惑（详见下文）。

## 挥挥手

成年人在打招呼或者道别时挥手，这个貌似再自然不过的动作并非天性使然，小朋友必须后天习得才会通过这个动作传递类似的信号。在此之前，他们做出这个动作时表达的意义完全不同。

成年人用力挥着手臂，无论是打招呼还是道别，目的主要都是想把对方的注意力吸引到自己身上。如果没有表情或肢体等其他的辅助性动作，挥手本身的意思就不够明朗。3 岁以上的宝宝一般已经学会了这一套动作，明白在何时何地相对准确地传达不同的信息。然而这一貌似简单的动作，却需要宝宝刻苦学习好几个月。在西方文化里，挥手和握手是大家最早掌握的一批社交功能性动作。在任何看重礼仪的社会，表达礼貌的肢体动作都会及早教给小朋友。

妈妈对 6 个月大的宝宝说："和奶奶说拜拜！"同时，握着宝宝的手腕，把他的小手挥来挥去。奶奶也温柔地说："乖宝宝，再见啦！"同时夸张地挥着自己的手。奶奶就像一面镜子，在帮助宝宝学会挥手道别的正确姿势。在重复了无数次的挥手练习之后，宝宝就很自然地在正确的场合做出恰当的动作了。

在变成社交仪式性动作之前，宝宝快速挥动双臂表达的是激动或者沮丧的心情。同样，依据伴随的其他动作、表情及声音，我们才能确切地知道宝宝想表达的是何种情绪。

想要马上回到妈妈身边的宝宝会兴高采烈地挥舞双臂。刚刚还在四处探寻的宝宝会忽然停下来，想看看妈妈在干吗，只这一闪而过的念头就足以让宝宝兴奋不已，他的双臂开始上下挥舞，脸上闪烁着开心的笑容。然后，他就向着妈妈的方向乐颠颠地跑过去，手仍然舞动着。这个动作最棒的配乐是艾尔·乔森的经典歌曲："我来了，马上就到，希望没有让你久等……"

宝宝一旦开始舞动双手，表明很快想要回到妈妈身边。这个肢体信号我在 5 个不同的国家观察到 300 多例，一般来说，开始挥舞双手到转身跑向妈妈之间不会超过 10 秒的时间。

宝宝对于成年人的挥手有不同的理解，大人的原意是想让孩子回来，但孩子却以为大人想邀请他一起玩互相模仿的游戏。宝宝往往会抬起头看看，停顿一下，然后开始向着大人走过去。这时，宝宝会举起一只手来模仿大人的挥手动作。但是如果大人没有后续的动作，宝宝就会掉头走向其他地方，或者继续自己的游戏。即使大人自以为再明白无误的召唤姿势也会让宝宝困惑不已。我们经常会看到大人因为宝宝不理睬自己急切召唤的姿势而批评宝宝，但他们不知道宝宝并不是故意违抗命令，只是没有搞懂大人的意图而已。

随着宝宝走路越来越大胆有力，甚至学会跑了，这个挥舞双手的动作也就逐渐消失，不再表示兴奋异常。他们会转而用快速跑回妈妈身边的动作来表达激动之情。

双手的剧烈舞动同样能够表达爆发的情绪。这个动作很像之前第六章里讲过的防御侵略的打人姿势，同样表示孩子内心的矛盾重重。不过，和想要打人时故意缓缓举起手的姿势不同，孩子的双手动作会更加剧烈迅速。愤怒的宝宝会恶狠狠地挥舞着小拳头，看上去像是发誓要击穿小鼓，同时，他们的脸部表情也相当狰狞，还会发出同样可怕的尖叫声。

## 举起双臂

詹姆斯的肢体动作或许有许多萨莉都不大明白，但是最后一个动作她不会看错。几乎任何妈妈都不会误会小宝宝们非常喜欢也相当擅长的对着妈妈举起双臂的动作。他们在告诉妈妈：“把我抱起来。”做这个动作的时候，宝宝会站在妈妈的正面，脸庞向上，尽量和妈妈对视，两只胳膊竭力向上伸。而妈妈们也基本毫不犹豫地做出回应，俯下身把宝宝拥进怀里。这个信号强烈到即使妈妈手头在忙其他事情也会即刻做出反应。我见过有两位妈妈本来在热烈地聊天，其中一个宝宝走到妈妈面前伸出双臂，妈妈看都没看一眼，甚至说话都未间断，就自然地俯下身子抱起宝宝。从宝宝发出动作到妈妈做出反应的时间一般仅有两三秒钟。如果妈妈反应稍微迟一点儿，宝宝就会摸摸妈妈的腿，有的孩子还会直接扑上去，以期获得注意。一旦妈妈不予理睬，宝宝会特别受伤地抱紧妈妈的腿，甚至开始难受地哭起来。

宝宝从何处习得这个动作还不得而知，但这个信号的确放之四海而皆准。我亲眼见过西方、非洲和印度的孩子做出这个动作，而妈妈们也同样心领神会、立刻回应。

有一个较为可能的解释是当宝宝刚开始学习走路时，只能站立几秒钟的时间，勉强走两三步，就摔倒在地。向前摔倒时，他们的双手会自然地伸出去缓冲一下来保护自己，这个动作和那些刚会走但还走不稳的孩子的“平衡之指”是一样的。倒地之前或者刚刚爬起来时，宝宝又会举起双臂做出和“抱我”很相似的动作。如果附近正好有大人在场，他们会情不自禁地帮助宝宝站起来，拍拍土、揉揉手，夸张地抚慰半天，这么多的关爱和支持都是为了鼓励宝宝不要怕，继续蹒跚学步。同时，这个过程也很可能把举起双臂带来的反馈一再巩固。心理行为学家早已证实，宝宝更可能重复能立即产生回报的动作。重复几次后，宝宝就会把举起双臂和被抱起爱抚等回报联系起来，这个动作也因此进入肢体语言的词典。从宝宝不累的时候也会举起双臂要求安慰等常见的情况，也貌似证明这个理论有些道理。

然而，还有其他证据表明这个理论仍然值得推敲。首先，宝宝在学习走路之前早就开始做出这个动作了，可以说这个动作更多是与生俱来，而非后天习得。另一个需要注意的细节是，宝宝在距离爸爸妈妈还有一定距离的时候同样会做出这个“抱我”的动作。一般来说，如果爸爸妈妈在一米以外，这个信号就基本没有效用了，显然宝宝很明白被抱起的希望微乎甚微。

还有一种说法是，宝宝举起双臂其实是指向探寻的另一种方式。宝宝抬起头来望着爸爸妈妈，然后举起手来做出抓取的动作，而已经有研究表明，伸手抓取正是“指向”这个动作的雏形，宝宝最初伸出手是希望去抓够不着的东西，而后逐渐意识到这个动作可以带来非同一般的温暖回报。所以，其实最解答不了的问题是：为什么大人在看到宝宝做出这个举起双臂的动作时，就理解为宝宝想要被抱起来呢？

## 吮吸手指

在上一章中已经讲过，这个动作是孩子内心焦虑或矛盾的外在表现。无论是焦虑还是矛盾，除了环境的些许不同，宝宝的外在肢体动作基本一样。焦虑源于宝宝对接下来会发生的事情毫无头绪，他们会悄悄地站着或者来回踱步做出这个动作；而矛盾源于宝宝对接下来该做什么无法决定，他们总是静静地站着一动不动，而且往往会凝神望着妈妈的方向，这意味着再过几秒钟宝宝就会向着妈妈跑过去了。

虽然吮吸手指是最常见的表达害怕或犹疑的动作，但并不是唯一的动作。犹疑不决的宝宝和提心吊胆的宝宝一样，会做出搓手、揉脸、摸头发、拉耳朵、咬嘴唇或拽衣角等动作。小男孩有时会伸手去摸自己的生殖器。

这种自我安慰的动作不仅普遍见于5岁以下的孩子身上，成年人同样会经常做出根源于此的类似动作。

宝宝在难以做出选择或是不明确他人指令时会有表现矛盾心态的肢体动作，但是，半路被拦截无法好好玩耍的宝宝同样会沮丧地做出这个动作，表达内心强烈的不满和无奈。以下4类具体的情境会让宝宝吮吸手指，表达内心的挣扎和矛盾。

### 情绪的矛盾

宝宝有时会同时感受到焦虑和高兴、愉悦和害怕、欢喜和痛苦等同样强烈但相互矛盾的情绪。比如动画片里，一只穷凶极恶的老猫正高举着厚重的煎锅把可怜的小老鼠追得无处可逃，电视机前的宝宝既心惊胆战又觉得好笑极了。或者木偶戏里，一只鳄鱼正偷偷从背后走过来，准备袭击毫不知情的坏蛋，观众席里的宝宝同样会感受到充满矛盾的情绪，做出一些触摸自己身体的动作来。同样，把吸引力相同但性质完全不同的两种选择摆到宝宝面前，也会让他们内心充满挣扎。3岁的汤姆跟着妈妈走过操场，忽然被一群小伙伴的游戏吸引了，他停下来过去一起玩儿。可是妈妈并不知道汤姆已经落下了，继续自顾自向前走。小男孩过了几秒钟抬头看时，妈妈已经渐行渐远。正玩得高兴，可是妈妈都快走得没影了，汤姆实在是左右为难，既想和小伙伴玩儿又害怕被妈妈丢下，这两种情绪同样强烈。他站起来，吸着右手的大拇指，左手不安地扯了扯裤边。有那么几秒钟，他就这样站着，然后做出了取舍。

## 欲望的矛盾

在具有同等诱惑力的两种不同事物之间做出抉择一样会造成和上面类似的矛盾。把一杯冰激凌和一块儿巧克力放在两岁的小姑娘面前，她同样会因为无法选择而痛苦万分。宝宝可能左看看冰激凌右看看巧克力，吸着大拇指，内心的斗争表露无遗。

## 指令的矛盾

即使是成人，如果有两位同等级的上司同时发出互相矛盾的指令或要求，也让人为难。听从一人就意味着违背了另一位。这种情况叫作“两难境地”，会让小朋友相当焦虑，稳定的生活是他们健康成长、不断学习的坚实基础。一旦缺失这种稳定，他们就会变得手足无措。

父母双方有矛盾或者意见不一致是让宝宝直接受害的最典型的两难境地。比如，妈妈告诉女儿，一旦吃完自己碗里的饭就可以离开饭桌去玩了，但是爸爸希望女儿更听自己的话，并以此来树立自己一家之主的权威，立刻反对说女儿必须等一家人都吃完以后才能走开。妈妈不乐意了，让女儿听她的话，但爸爸又提出警告：一旦不听他的话，后果很严重。小女孩根本无从选择，左右为难。大一些的孩子逐渐会利用父母之间的矛盾来达到自己的目的。十来岁的孩子会对父亲说：“我想去玛丽家的聚会，但是妈妈不让。”他心里很清楚后面半句关于妈妈的反对意见更可能让爸爸想都不想就同意。然而，5 岁以下的宝宝很难理解父母之间的竞争关系，更不用说如何利用这种情况了。

在成人世界里，如果长时间处于两难境地——比如总是遭到苛刻的老板无情的挑刺，会表现出各种各样应对这种困境的反应。他们可能会经常请病假，莫名地发火，或者情绪低迷，最后事不关己，高高挂起。

而经常处于两难境地的小朋友会表现出同样的征兆，可惜爸爸妈妈却丝毫没有察觉，自以为与伴侣的那些拌嘴不过是家庭琐事——宝宝应该几点上床睡觉，看哪个电视节目更有益，两顿饭之间可不可以吃零食……他们为诸如此类的事情争论不休。无论在父母眼里这些争论多么微不足道，让宝宝不知所措的紧张和压力会给他们的身心带来巨大的影响。

### 无助的矛盾

那些愿望无法实现的孩子总会发出矛盾的信号，这些无助的源头不尽相同——或者源自父母的“不允许”，或是自己胆小、能力不够，又或是不小心错过。比如，宝宝已经筋疲力尽了，还是想完成自己的一幅画，或者小宝宝拿到一件本是给年龄更大的孩子设计的玩具，却实在搞不明白，这时他们会很沮丧，开始吮吸手指。一旦这种情绪愈加强烈后，宝宝就会在发出最初的这些矛盾性信号时做出击打的动作，或者哭起来，皱起眉头，噘起小嘴，甚至做出想把手头的玩具砸坏的动作。

一旦事情超过宝宝能应对的范围，他们的肢体语言就会表现出一些消极的情绪。孩子太累，或者几种不同的选择都相当吸引人时，他们会把头埋在双手里，眼睛半闭，或者吮吸拇指。如果手头有娃娃、手帕、小毯子或是其他柔软舒适的东西，孩子就会紧攥着这些物件不放。

这些信号都是反映孩子内心真实感受的晴雨表，可以帮助父母预警“暴风骤雨”，但是这些信号只有在经常且长时间出现时才具有更高的准确性。如果这些矛盾的信号真的频繁发生，父母就需要认真探究，具体是什么原因导致孩子的矛盾冲突和焦虑不安。但总的原则是，一定要记得通过宝宝的眼睛去理解世界，因为很可能在你眼里不过是鸡毛蒜皮的事情，在孩子的眼睛里，就意味着整个世界。同时，爸爸妈妈也需要把

快速的敲打动作表明情绪受挫或矛盾的心情。18 个月的基兰想玩一个玩具小火车，但一个大点的男孩却把它拿走了。基兰看着小火车，用右手抓着左手指。

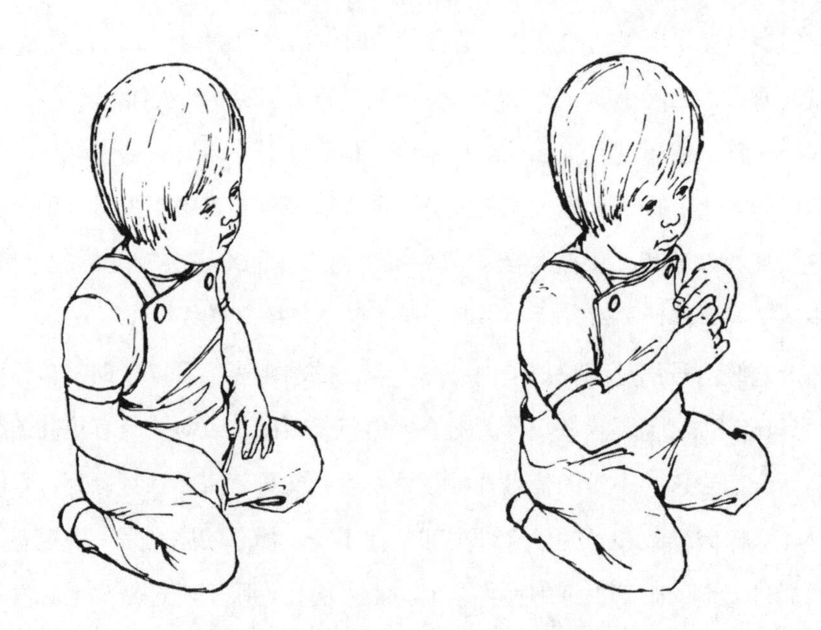

（这些插图是根据录像中的静止画面绘制的。）

然后，他突然举起两只手，转向另一个方向。同时，他的左手摸着后脑勺，这是一个非常明确的矛盾信号，他的右手攥成了一个拳头。

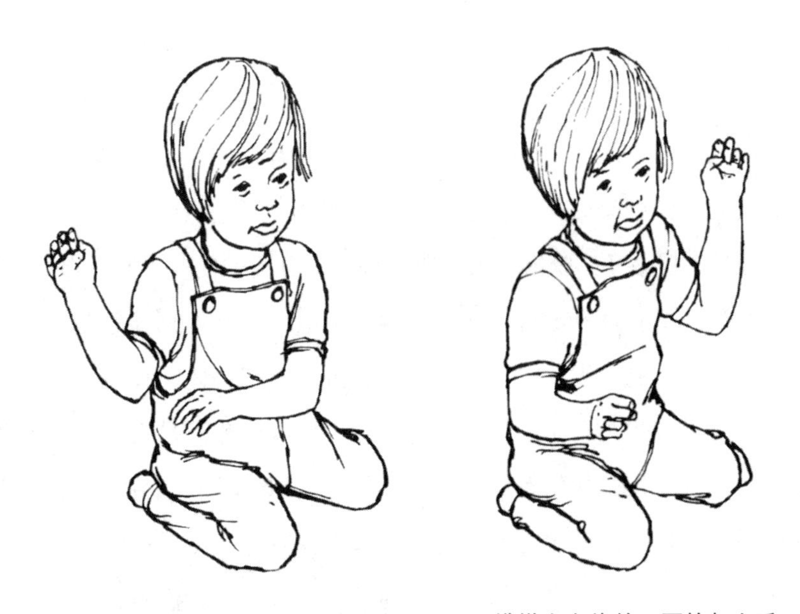

接着，他开始激烈地挥动双手，抬起右手，左手横搭在身体前，再抬起左手，右手横搭在身体前，这一系列动作持续了不到 3 秒钟，是小宝宝在情绪矛盾时出现的简短、突然的典型动作。

目光放远，想想近期孩子的生活中是否有过任何缘由，导致孩子产生以上提及的 4 种矛盾心态，而不仅关注现在的某一刻发生了什么。

## 赠予和分享

宝宝经常会捡起小东西然后拿到爸爸妈妈面前。也许年长些的孩子或成人会通过礼物来表达彼此的特殊关系，但是宝宝们想的并非如此。詹姆斯把地上的小花捡起来递给妈妈，让萨莉非常高兴，她以为孩子要送给她那朵花，所以欣喜万分："是给妈妈的花吗？乖宝宝！"但是詹姆斯忽然把花扔掉，又让她相当失望。因为萨莉先入为主地认为詹姆斯是要送花给她，所以同样会把扔掉花这个动作误以为是儿子不喜欢她。或许这样的你来我往在成人之间有所寓意，但是在 5 岁以下儿童的语言中，这个动作的意义完全不同。

詹姆斯不过才 16 个月大，还不大可能对"美丽"有多少关注。对于詹姆斯这个年龄的宝宝，这些东西无非是有趣或无趣、神秘或没劲而已。他们会仔细研究每一样东西，深入调查一下，然后分门别类地总结到自己的小脑袋里，以供将来提取参考。一旦遇到任何不同寻常的东西，他们的第一反应是："这个家伙会不会伤害我？"詹姆斯捡起花来，其实也是出于一样的原因。这朵花是一个新鲜的未知物体，和他之前捡起又放到嘴巴里去的小石子一样。他把花带到妈妈面前只是为了寻求更多的答案，想看看妈妈如何反应，以后再见到类似形状、颜色、味道、质感的东西，他是应该警惕起来，还是远远地躲着走？而萨莉放松的笑容和热切的语调已足以回答宝宝的这些问题——妈妈认为没事，所以宝宝就在小脑袋里做个记录，以后再见到这个东西，他可以安全地捡起来。记录完毕，他就把花扔掉了，在这个时候，他还不存在“用礼物来换取好感”这种社交概念。宝宝们长到两岁甚至更大一点儿以后才会逐渐明白礼物的重要交易功能，才会尝试通过这种方式来赢得合作或是取悦于人。在此之前，宝宝给出来的任何东西都不是礼物，而是期望通过爸爸妈妈的反应了解未知的物体。

蹒跚学步的孩子经常会捡起东西，碰一碰、尝一尝、摸一摸、嚼一嚼或是撕一撕。在某一次的群组观察案例中，将近一半的小宝宝把他们看到的新鲜东西捡起来拿给妈妈，但只有 20% 的宝宝会最后递到妈妈手里，让她们帮忙检查检查。大部分的孩子都在走到妈妈不远处时就把手里的东西扔掉了，或者在离妈妈不远的地方忽然掉头拿着东西走开。他们扔掉这些东西的动作相当随意，甚至带着一丝无聊，好像一眨眼的工夫所有的兴趣已荡然无存。然而，两岁以上的宝宝在扔东西的时候往往会用力扔得远远的，再不想看上一眼。

宝宝把东西交给妈妈，和爸爸妈妈把玩具交给宝宝，这两种动作截然不同。前者的动机是索取答案和信息，而后者的动机则是刺激引导或享受欢愉。经常和宝宝分享玩具，一起游戏，对于孩子的发育具有重要的作用，不仅可以促进他们身心发展，还可以帮助宝宝学到许多重要的沟通技能。

## 凝神注视与惊鸿一瞥

我们看着其他人或事物，是希望对他们有所了解。越是好玩奇特的事物，我们越会凝神注视。交通事故现场周围常会聚集一群人，就是因为这种事故比较罕见，虽然现场有让人相当不舒服甚至难过的情景，但是人类与生俱来对于世界强烈的好奇心总是占了上风。然而，长时间盯着人看会让他人不自在，这种现象表明，凝神注视表达的不仅是好奇或关注，也会传递威胁的信号，强烈到以至于一般人都无法忍受别人长时间的注视，除了那些受过专门训练的演员等公众人物。

定睛注视带来的震慑效果放之四海而皆准，许多巫医深谙此道，所以他们经常通过化妆突出眼睛部分。

作为具有威胁含义的信号，即使和毫无敌意的其他肢体信号组合起来，长期凝视也仍旧让人心生不安。一些志愿者做了一个实验，他们站在路边目不转睛地盯着等红灯的司机，实验结果让人很震惊。红灯一旦变绿，这些被盯着看了一会儿的司机们都会猛踩油门立刻冲出去，好像生怕再停一秒就会送命一样。虽然这些志愿者都笑容可掬，被盯着看的司机还是比没有被盯着看的司机冲得更猛、更快。

有自闭症的宝宝对别人的凝视避之唯恐不及，所以这种恐惧也被用来作为诊断这一病情的重要症状。他们即使愿意坐在大人的腿上玩，目光也会不停地躲闪，不和大人四目相对，或者用双手捂住眼睛，只透过指缝来瞄一眼。显然，自闭症儿童会比其他儿童对凝神注视这种信号的威胁感更敏感。

凝神注视在自然界就是一场恶斗的前奏。留心地观察一下两只恶战在即的猫或狗，你就会注意到它们在真正的撕咬之前就已经怒气冲冲地与对方四目相对，它们想通过凝神注视来收集一切可能收集到的敌方信息，尤其是对方出其不意的进攻，让自己在第一时间做出防备。虽然这个动作已经和其他仪式性的动作一样丧失了最初的功能，带来的效果却并未减弱。

随着宝宝逐渐长大，父母会教育他们不要总盯着人看，因为在大人的词典里，这个动作具有“敌意”。我们给孩子的解释一般是说这个动作“不礼貌”或者是“粗鲁”，但是实际隐含的原因仍旧是这个动作具有威胁性。

另一方面，虽然大家都不喜欢被别人长时间盯着，但躲闪别人的目光同样会让人不安。接受别人注视的程度也能够对人的性格做出准确有效的评估判断。两位科研人员邀请专业演员参与制作了一部短片，来测试不同注视程度产生的影响。片中的演员说话时，会和观众有目光接触并停留不同的时间，有的短一些，有的久一点儿。一些片段中，演员有 80% 的时间都在盯着镜头、直视观众，还有的片段，演员只有 15% 的时间会和观众四目对视。研究人员让不同背景的观众看完短片后描述一下对这些演员的感想。那些和观众几乎没有多少眼神交流的演员得到的评价是“冷漠”“不成熟”或“被动”，而那些和观众有至少 80% 目光交流的演员则获得了“亲切”“成熟”“诚恳”及“自信”的评价。当然，在现实生活中，注视的威力或许没有这么大，但一般来说，在日常生活中，和别人经常有目光交流的人的确往往会被看作是自信强势的人，而那些目光躲闪的人会让别人认为不够可靠或不够自信。大部分男性喜欢和女性而非男性保持更长时间的目光交流，这一结论一点儿不让人惊讶。不过，或许让大家比较吃惊的新发现是：女性比男性更喜欢和人保持长时间的对视，而且比男性更讨厌躲闪的目光。

几乎没有人针对 5 岁以下儿童如何运用目光交流来传达信息做过实验。对于 5 岁以上的儿童，成人的注视实验中得出的结论很可能也适用于他们，最大的不同或许在于孩子会比成年人更频繁地使用目光来传达信息。他们要比成年人更经常地互相对视，对视时间也更长。原因很可能是宝宝需要也希望尽可能获取与自己所处环境相关的大量信息，同时，也可能是因为宝宝们学习的态度更加开明，方式也更加多样，还没有受到成人的“纠正”。他们彼此的对视要比成年人之间对视时精力更集中，他们互相触摸、感受、亲吻和拥抱的次数和时间也较成年人频繁。对视是无声密语词典中尤其重要的词汇。

对视是许多无声密语的重要组成部分，所以父母应该密切观察宝宝的眼神，才不会错过他们沟通中的重要线索。

通过观察宝宝使用眼神的不同方式，父母可以了解到大量关于宝宝在小伙伴中所处地位的有趣信息。宝宝们在一定程度上会借助眼神来赢取自己的地位。强势领袖型的孩子无论男女都会用同样时长的专注凝视来赢得领袖地位，可一旦登上宝座后，他们的凝视就不那么频繁了，甚至会故意避免使用这么强烈的信号，这方面男孩女孩也基本一样。究其原因，是因为领袖语言不再主要依靠带有威胁性质的信号，而更多需要鼓励小伙伴们和自己合作。在整套语言中，他们也仅是在最开始与别人飞快地对视来打个招呼，而不再需要长时间的紧盯。强势进攻型的宝宝只在和别人产生冲突时使用凝视的信号，而不会用在其他时候。弱势胆怯或孤僻型的宝宝基本上害怕与人进行长时间的对视，无论对方的其他肢体语言有多么和善，当其他孩子的目光转过来时，他们不仅会躲开视线，还会立即逃到房间的其他地方去。

5 岁以下的宝宝们会用长时间的凝视来建立自己在小伙伴中的地位。有了长时间目不转睛的注视，宝宝几乎不需要其他辅助性的肢体语言就可以传递相当强烈的威胁信号。宝宝们经常试探着角力彼此注视的强度，盯到最后的即胜出成为赢家。他们常常暗暗较劲，直至一方败下阵去。

最先转移目光的就输了，但是服输程度又根据输家目光转移的方向而不尽相同。最明显的投降是输家将目光垂下去，向对方俯首称臣。在和其他小朋友的对视中，投降几轮下来，宝宝就成了小伙伴中间最弱的那个。“目光低垂”或“低眉顺眼”在成年人和孩子的肢体语言中都是顺从的意思，表达了谦卑忏悔的态度。在第六章的图示中，罗伯特和约翰为了争夺一个座位起了争端，最后以罗伯特低垂目光而结束。对于一个平常总是很强势的宝宝来说，他很少有这样认输的举动。这说明，他低估了对方的决绝，被人家高举的小擀面杖和誓不后退的劲头给吓了一跳，在颜面尽失和满面开花之间选择了前者。

但是，除了目光低垂，中断对视也可以向左看或向右看，这时传达的“认输”就属于临时妥协，大有“君子报仇十年不晚”的意思。翻译成大白话，就是：“你赢了这一场而已，咱们走着瞧！”这个信号不具备任何求和或投降的性质，如果对方不依不饶，这场冲突还远远没有结束。

在中止对视时，每个人到底向左看还是向右看非常有规律，不过男性要比女性更有规律一点儿。这一规律具体在几岁时形成就不得而知，但是有证据表明，向左看还是向右看的习惯与我们的性格有关。向左看的人一般善于社交，他们考虑事情相当周到，也更喜欢进行抽象的理论分析，对实际发生的具体活动并不那么在意，他们对艺术也更加擅长，催眠在他们身上要比向右看的人更容易奏效。另一方面，向右看的人往往自信十足，科学、数学比音乐、绘画更让他们着迷，他们的思维相当缜密、善于推理，对待生活的态度冷静而客观。

这一关联尚未得到验证，但是目光转移的方向和性格之间如果有任何关系，那么原因很可能就在于他们是左脑主导还是右脑主导。

人的大脑主要由左右两侧脑半球组成，它们互相对称，但中间由深深的沟壑隔开，左右半球底部由粗大的神经纤维束胼胝体连接。早在1864年，科学家就已经了解到，左脑掌控人类的语言技能，但是直到20

世纪 60 年代，大脑的更多具体分工才逐渐得到研究和分析。一言以蔽之，我们的左侧大脑负责分析性思维，而右侧大脑负责创造性思维。右脑主导的人往往具有艺术才能，天生对绘画、音乐和写作有强烈兴趣。因为有胼胝体的视觉神经相连，左眼看到的图像会通过这里传输到右脑，而右眼看到的图像会传输到主要负责分析计算的左脑。右脑主导的人往往更善于科学思维，情感也没有左脑主导的人那么丰富。我们转移视线时向左向右，或许取决于右脑还是左脑主导。思维现实、左脑主导型的人会看向右方，因为右眼和左脑关系更为密切。想象力丰富、右脑主导型的人会看向左方，也就是看向右脑指挥的左眼一侧。

我还没有看到有专门针对孩子中止对视时习惯向右或向左看的研究，同样也没有针对孩子转移视线方向和左右脑关联的研究。有耐心的儿童行为研究人员不妨开始收集整理这方面的准确数据，一定会得出一些相当新鲜且有价值的观察结果。

虽然长时间的凝视被认为具有威胁性，但必要的短暂目光交流是无声语言中重要的组成部分。詹姆斯在公园里自得其乐，也会不时和坐在不远处的妈妈交流一下眼神。这些眼神的交流虽然只有短短的几秒，却是母子间无形的连接。

手势和目光都是无声语言词典中重要的独立词汇，既可以单独使用，也能够结合起来互相强调或调整。举例来说，宝宝做出指向的动作，但是望着妈妈，这个动作就是一个提问；但是如果宝宝做出同样的指向动作，目光看向手指的方向，这个动作就是意愿的表达。所以，爸爸妈妈在观察宝宝的动作时，也需要注意他们的眼神——看宝宝注视的方向和时间长度，也注意一下宝宝中止对视时视线是向左、向右，还是低垂。

一定要记住：肢体语言是许多信号的流畅组合，和一段话由不同的词汇短语构成没什么不同。只有把这些单独的信号放到正确的上下文中，结合其他信号，我们才能明白宝宝单个动作的含义以及组合动作的完整含义。

# 第八章　给爸爸妈妈的作业

之前的章节里，主要讲的是5岁以下的宝宝和小伙伴们互动时的无声密语，他们通过身体姿态、手势眼神进行沟通的不同方式。但父母绝不仅是旁观者，也需要而且可以参与到互动中，成为这门密语主动积极的参与者。

父母反而是这种无声沟通中的主角之一。除了爸爸妈妈，任何帮忙照顾这些5岁以下宝宝的人都在促进宝宝无声密语的形成和发展。我们自己在和宝宝沟通时使用无声的肢体语言，也教会了宝宝一些基本的词语，他们继续在此基础上构建自己更多的语言信号。如此反复鼓励宝宝使用这些信号，宝宝们会逐渐变得更加善于沟通。这些技能将成为宝宝将来顺利进入社会，成功为人处事的基础。

在第四章里，我提到过父母爱笑，宝宝就爱笑。那些刚进幼儿园或者新认识小伙伴后很久才开始鼓起勇气尝试融入的宝宝，他们的爸爸妈妈往往也比较严厉或不苟言笑，对于宝宝的无声表达反应相对迟钝一点儿。而那些动不动就爱使用暴力的宝宝，他们的父母也往往轻易会做出恐吓、威胁等具有敌意的动作。

鼓励宝宝流利使用无声密语的责任在很大程度上需要周围的所有

人——亲戚朋友、幼儿园老师及园长等共同分担。当然，爸爸妈妈的责任最重，而妈妈的角色尤其关键。宝宝刚出生，妈妈就需要尽快和宝宝形成亲密关系。无论什么原因，妈妈和宝宝的肢体接触太晚的话，不但会影响他们日后的亲密程度，还会影响宝宝将来的发育成长。当然，最关键的时间段绝不仅仅是宝宝呱呱坠地后的几个小时，其后的几个月、几年都同样重要。众所周知，从出生到 5 岁的这个阶段是儿童智力、身体、社交各方面发育的重要时期。一些专家甚至认为，一个人的性格、情感、智力水平等都是在最初的 10 年这一关键阶段形成且固定下来的。

毫无疑问的是，对无声肢体语言的熟练掌握会让宝宝占到先机，比其他孩子更快地融入团体，迅速变为强势的领袖。他们更加自信友善，也深得小伙伴、老师及其他成年人的喜爱和认可。强势进攻型的宝宝在其他小朋友眼中是凶神恶煞，在成年人的眼中是爱欺负人的小霸王。被动暴躁型的孩子同样不受人欢迎，而且他们的地位不够高、自信心也不足，经常突然发脾气，通过发泄怒火来掩饰自己的不自信。那些胆怯型的宝宝从来不敢主动去结交朋友，也永远无法习得这一技能，而孤僻型的宝宝索性懒得去尝试。

而娴熟掌握无声肢体语言的强势领袖型宝宝自成一体。在幼儿园的小伙伴中间，他们的和颜悦色、主动示好已经屡屡奏效，让大家拥戴，进入青少年乃至成年时期，这种柔中带刚的谦和品质同样将帮助他们一路畅通。他们不卑不亢，再加上大家喜爱的自信自强，是极其强大有效的结合。

强势进攻型的孩子同样貌似常胜将军，但是他们的胜利源自对他人的恐吓，因此宝宝会以为生活中最强大的武器就是威胁恫吓。这种想法随着一个又一个的孩子在他面前退缩而逐步得到巩固，孩子进入小学、初中，长大成人，可能会经历惨痛的教训。

对于强势进攻型的孩子，以及强势领袖型的孩子，父母的言传身教和他们自己的亲身经历同等重要。当然，他们会从自己的行为中逐渐筛选最为奏效的策略，或许是和颜悦色，或许是疾言厉色。更多的时候，孩子们会通过观察模仿身边那些活生生的人——尤其是成年人的言谈举止来完善自己的行为准则。英国心理学家洛温斯坦博士近期针对校园霸凌现象进行的一项研究表明，校园里有暴力倾向的孩子中 75% 的父母出现了婚姻问题，而且将近 1/3 的孩子在家里遭受过父母的打骂凌辱或者严厉管教。

当然，个体的发育成长和社交习惯的形成，背后有许多错综复杂的因素，但是如果宝宝在早期没有机会接触或学习到足够且健康的无声语言，未来的个人生活或人际关系都不大可能一路坦途。

## 僵硬的脸

传说，曾经有一位波斯国王灵光一闪，做了一个科学实验（这个故事相当瘆人，但希望只是个捏造的传说）。这位国王很好奇人类“最天然”的语言到底是哪种，他认为小朋友各自学习到的不同语言都是爸爸妈妈教的，所以如果没有人教，宝宝们就不会受到“污染”。那么，等他试着和宝宝们说德语、希腊语、拉丁语等，宝宝对哪种语言有所反应，就证明这种语言是“最天然”的。为了证明自己的这套理论，他找了 12 名小宝宝，交给非常有经验的保姆来照顾。他嘱咐这些保姆要无微不至地照顾宝宝，吃得饱穿得暖，尽享荣华，但不允许保姆去拥抱抚摸这些宝宝，更不允许她们对宝宝说一句话，违者立斩。据说，这个实验结局悲惨。国王从来没有得出自己想要寻找的结果，宝宝们并没有对他说出“最天然”的语言，因为他们在几个月大的时候就夭折了，不是因为物质匮乏，而是精神饥饿而死。

刚一出生，宝宝就需要和其他人产生亲密的互动，他们带着一切用于沟通的装备来到这个世界，和消化系统、呼吸系统一样不可或缺。

可惜的是，还有许多父母丝毫不明白或不愿意承担自己的责任。这和家长的受教育程度、贫富程度或社会地位无关。我在金碧辉煌的庭院豪宅和家徒四壁的茅屋陋室都见过上面描述的无知家长。实际上，有着体面职业和丰厚收入，却对宝宝的沟通需求置之不理的爸爸妈妈要比那些捉襟见肘的家庭更多。

小萨拉的爸爸妈妈都是伶牙俐齿、头脑敏捷的成功人士，爸爸是大型药店的销售总监，整天飞去国外谈业务；妈妈是家庭装修公司的配色顾问，一样总在出差，周末都很少在家。小萨拉是由几名保姆接力照顾大的，长到两岁时已经很可爱，但是鲜有笑容，而且非常怕见生人。即便偶尔有机会出去和其他小朋友一起玩，小萨拉也会自己躲在角落里，远远地怯生生地望着小伙伴。她绝对没有受到过任何身体上的虐待，但显然雇来的保姆不是太忙就是不懂，并不会在小姑娘身上花多少时间。

当妈妈有时间照看小萨拉时，也一样地漫不经心。小姑娘从小抱着奶瓶长大，大人除非迫不得已，不会轻易抱起她，从来不会紧紧抱着她。小时候陪伴她左右的是有钱的爸爸妈妈买来的一堆布娃娃和玩具。小姑娘常爱发脾气，父母请来的心理学家认为孩子太孤单了，于是妈妈给4岁的女儿房间里安了一台电视来解决“问题”。

妈妈很认真地说：“现在小萨拉有伴儿了。”她压根儿没想过宝宝缺乏的是和真实的人接触。爸爸则认为：“等孩子长大到了上学年龄，自然就会有许多小伙伴了。刚会走路的孩子不懂什么叫朋友。”

也许这只是个例，过于极端。但事实总比想象残酷，这样想的爸爸妈妈绝不在少数，医生、心理学家、社会工作者们接手过的类似案例数不胜数，这种可悲的现象还在逐年呈上升趋势。坐在如山的玩具堆里，孩子们貌似拥有了一切，却又一无所有。

全球最著名的儿童心理研究所是伦敦塔维斯托克中心，约翰·鲍尔比（John Bowlby）医生是这家诊所儿童引导部门的心理学家，也是最早开始研究儿童社交需求的专家。他在 25 年前就直言不讳：“缺乏妈妈照顾的儿童，发育总相对迟缓，无论是体能、心智，还是为人处事……”

让约翰·鲍尔比医生愤慨的并非仅仅是家长对宝宝缺乏肢体接触或喃喃私语，而是明知宝宝渴求来自成人的关爱、呵护和关注，但父母却冷冰冰地置之不理。

英国的儿童心理学家乔伊丝·罗伯森（Joyce Robertson）和丈夫在伦敦设立了罗伯森儿童中心，主要使命即是研究并倡导成人对幼儿及儿童情感需求的认知和理解。罗伯森儿童中心很快成为全球认可的儿童心理教育机构，乔伊丝·罗伯森医生在这里展开广泛研究，详细记录了当妈妈没有充分、恰当地和宝宝沟通时，给孩子造成的影响。

### 彼得的案例

第一次见到彼得时，他才几周大，虎头虎脑，面色红润，心满意足，看不出有任何问题，简直就是广告片里完美宝宝的真实版本。妈妈把他照顾得很周到，但她自己似乎总是一副焦躁忧虑的样子。虽然对小家伙非常用心，也很满意儿子的生长发育情况，但妈妈自己却并不开心，既无法顺畅开放地表达自我，也无法敏感地体会到他人的情感。

彼得在6周大的时候第一次露出笑容，但是这个笑容并没有像其他两三个月大的宝宝一样发展成为自发的笑容。他的妈妈不但没有试着去逗宝宝发笑，我这样做的时候，她反而有些紧张。等我把彼得逗得开始手舞足蹈时，妈妈的理解竟然是："他有些尴尬，觉得不好意思了。"这是她第一次表现出自己对于情感表达的不适应。我们逐渐通过更多的接触清晰地看出，妈妈无法鼓励孩子的情绪表达，也不懂得对孩子的情绪做出恰当的反应。

妈妈不和彼得玩耍，也不对孩子说话。等宝宝长到7个月大时，同样变得面无表情、动作死板，显而易见，既不善表达也不爱表达。

孩子哭起来的时候，妈妈会抓住他的肩膀。渐渐地，这种充满距离感的冰冷对待让宝宝学会了坚忍，再痛也不会流泪。他只会浑身颤抖、满脸通红、双眼紧闭着咽下眼泪。才一岁的宝宝，就连这种反应都不再有，即使打针他都不会哭了。他的其他发育阶段也比普通孩子更迟缓。

显然，这种强力克制的喜怒不形于色正是妈妈想要宝宝养成的素质。宝宝生病或者玩耍时，会想要额外的照顾和互动，这种再正常不过的需求却会给大人带来不便，招致妈妈的厌烦。

彼得的身体一直都很健康，但是他的面部表情和肢体语言却非常匮乏，了无生机。他的眼神也总是充满警惕，像一只受到惊吓的小动物——双目圆睁、身体僵直，随时提防可能或许并不存在的危险。

3岁的时候，彼得的幼儿园老师在日志中写道：

“彼得很少对其他孩子、老师给予关注或做出反应，也几乎从不自己去玩。他会紧紧贴在妈妈身边，怯怯地无助地张望，目光并不会停留在任何地方，他不是在寻找玩具或者小伙伴。一旦有什么东西让他情不自禁地开心或者害怕起来，转眼他就会加以掩饰，表情扭曲。他不知道该如何和妈妈沟通，也不会张嘴提出要求，更不明白如何搞清楚妈妈心里在想什么。”

## 碧翠丝的案例

这位妈妈相当认真负责，但是缺乏一些母亲的本能直觉、热情温暖，以及和宝宝的母女亲情。

才3个月大的时候，宝宝和妈妈就都很奇怪地露出了无聊的神态。她们互相看着对方，面无表情，四目接触，但毫无交流。碧翠丝比其他同龄的宝宝更安静，表情呆板，反应迟钝。

6个月大的碧翠丝神情总是很严肃，她的眼神紧张、凝重又惶惑不安。看到玩具时，小姑娘显然很感兴趣，也明白是谁递玩具给她，但是脸上没有一丝兴奋的样子，也不会伸手去接，只是偶尔有一丝羞涩胆怯的笑容一闪而过。

妈妈完成不了安抚者的角色，她对宝宝的哭泣毫无反应。碧翠丝需要妈妈关注和帮忙时，比如她想要妈妈把她从地板上抱起来，妈妈反而会扭头去看其他方向。宝宝急切需要获得妈妈的保护，妈妈却装作没看到，这一切让旁观者实在于心难忍。

妈妈的这种视而不见其实不难理解。她自己的母亲患多发性硬化症多年，母亲奇怪的抽搐对碧翠丝妈妈的心理造成很大的影响，让她抬不起头来，从学生时代起就特别担心同学会因此而笑话自己。所以当她看到小宝宝同样突兀不协调的动作时，多年以前的羞愧和内疚再次涌起，情不自禁地让她再次掉头，装作看不见。

幸运的是，碧翠丝长到一岁时，那些小宝宝特有的抽搐一样的小动作渐渐消失，妈妈很快就可以恰当地和碧翠丝互动了。小姑娘逐渐变得开朗起来，虽然总体还是比其他孩子更紧张一点儿，只有偶尔的抿嘴浅笑透露出她内心的愉悦。

在对宝宝们的情感需求和社会性发育进行了长时间细致的观察之后，乔伊丝·罗伯森说："没有妈妈温暖亲昵的呵护，宝宝还是会和其他孩子一样长大，同样会四处张望、凝神注视，绽放笑容，会牙牙学语，也会抓着自己的小脚丫玩耍，但是所有的这些动作，大都是独自进行。宝宝的成长过程没有妈妈的支持鼓励、帮忙引导，宝宝就不会像其他孩子一样自信，去探索更大的世界……早在 8 ~ 10 周时，宝宝的肢体动作明显比其他孩子呆滞、互动反应更迟缓，他们的面部表情相当严肃，眼神也总是警觉胆怯，这些都是缺乏妈妈的陪伴导致的后果。妈妈却以为：'宝宝心满意足'，她的意思其实就是宝宝一点儿不烦她，或者'宝宝自己在婴儿床里时最开心'，而事实是孩子已经变得非常胆小。随着他们长大，这些缺陷越发明显。因为没人理睬，7 个月大就学会强吞下眼泪的宝宝长到一岁时也再不会哭泣。"

那么，到底是什么让有些妈妈对自己的宝宝显而易见的情感需求视而不见呢？这个问题实在无法一言以蔽之。不过，有证据表明，这种距离感可能在很早的时候就已产生，甚至早在宝宝出生后的一两个小时内。科研人员在给英国卫生部提交的一份研究报告中指出，母子关系的不融恰有可能在宝宝出生之后立即就有所表现。报告援引了对接生护士和产科大夫的大量访谈，通过这些证据说明，在宝宝刚出生时未能和孩子产生目光交流的妈妈以后很可能会更冷漠地对待，甚至虐待孩子。影响妈妈接触新生儿的因素很多，其中包括给产妇服用大量的止痛药或镇静剂，也包括因为疾病或者早产等原因导致的分娩后母子隔离。有数据表明，早产儿在出生后需要先在恒温箱里待几天才能和妈妈首次接触，他们之间不仅发生心理问题的比例很高，也有相当大比重的宝宝在没有任何重大生理问题的情况下夭折。甚至还有证据显示，即使是剖宫产之后母子之间极其短暂的分离也会导致宝宝的生理或心理疾患。

那么，又是什么原因让分娩之后这段并不长的时间给妈妈的行为造成巨大而长期的影响呢？同样，无法简单地解释，其中的生理、心理、社会等因素科学界的了解还很有限。美国俄亥俄州凯斯西储大学儿科研究所的肯内尔博士在一份关于母子隔阂的报告中提到："母亲的行为会受到综合因素的影响，从她与自己母亲的早期关系和经历，到所处社会文化对母亲的定义和期望，再到她与伴侣的关系，等等，都是需要考虑的因素。但很多时候，心智健全的母亲完全有能力通过自身心理的调节，来克服外部原因导致的早期分离造成的母子隔阂。"

可以确定的是，只要情况允许，母子之间在分娩后的首次接触应当尽早发生，这样才会给亲子关系打好坚实基础。母子之间最容易产生强烈感情的最自然时段是宝宝出生后的几个小时，这个"敏感期"不仅是母子间培养亲情的最佳时间，也是所有人生命中最重要的时间。

## 最关键的几小时

以色列一家繁忙的医院妇产科曾发生过一件相当不幸的医疗事故。产房的标注系统出了纰漏，导致一些妈妈出院时抱走的是其他人的宝宝。过了两周才恍然大悟的医院急匆匆地着手联系各位妈妈，想各归各位。这时，发生了戏剧性的转折。医院派出的代表们发现，一些妈妈对于把别人的宝宝还回去，把自己的骨肉换回来，竟然心不甘情不愿。她们宁愿把那些只不过才照顾了两周的陌生人的宝宝视为己出，抚养成人。爸爸们则恰恰相反，迫不及待地想把自己的血脉找回来，把问题解决掉。

如果对母子之间如何建立感情有所了解的话，你就不会觉得这些以色列妈妈的反应奇怪了。在敏感期联系起来的纽带强韧坚固，难以割舍，任何其他障碍几乎都要靠边站。

动物学家很清楚，如果小动物一生下来就从妈妈身边带走，几小时之后它们的妈妈可能会不认得自己的宝宝。山羊的"敏感期"最短，如果母羊和小羊羔在出生后的最初 5 分钟之内不在一起，就无法对彼此产生感情，母羊不但不会照顾小羊，甚至可能会拒绝、厌恶可怜的小羊。奥地利动物学家和人类学家康拉德·洛伦茨博士对不同物种的"敏感期"进行了观察，他把新生儿和成年动物之间形成的这种亲情称为"烙印"。如果在"敏感期"不幸和自己的母亲分离，有些小动物会和这个时段身边的其他物种甚至东西同样产生强烈的"烙印"。洛伦茨博士做了一个实验来证明"烙印"的威力，他成功地收养了一群小鸭子，变成了它们的妈妈，它们排着整齐的队伍，与洛伦茨博士形影不离，甚至随着他一起下河去游泳。这些场景和图片获得了大量媒体的疯狂转发。"烙印"一旦记下便不会改变，但必须在诞生后的一定时段内发生，逾期无效。小鸭子的“烙印”期似乎是15个小时，即使猫狗等已经被人类驯服几千年的动物仍然需要在出生后的短期内打下“烙印”收养，才能对主人表现出最佳效果的服从和亲密。一旦过了“敏感期”，再想要驯服它们就困难了。

来自美国凯斯西储大学的肯内尔博士、马歇尔·克劳斯（Marshall Klaus）博士和玛丽安·特劳斯（Mary Anne Trause）博士在美国开展了一项研究，专门探究人类敏感期的属性和变化。他们把28名产妇平分成两个小组。一组得到北美妇产科医院的标准照顾,宝宝出生后的6 ~ 8小时，护士会让妈妈看一眼来认清宝宝的样子，然后每隔4个小时妈妈会哺乳一次，每次时长20 ~ 30分钟。而另外一组妈妈在宝宝刚出生时就能抱着没穿衣服的宝宝，共处一个小时，然后在接下来的3天里每天都能母子亲密接触5个小时。所以，在宝宝出生后的头3天里，第二组妈妈比第一组的妈妈和自己的宝宝总共多相处16个小时。

之后所有的妈妈每个月都要带着宝宝定期来医院检查，研究人员把她们对宝宝的态度和行为一一记录下来。一开始，两组妈妈就有相当显著的不同。第二组妈妈和宝宝们更亲密，不离宝宝左右，和宝宝有更多的眼神交流，也会更经常地爱抚他们。抚摸宝宝，抱着宝宝已经成为这些妈妈极其自然的反应。

宝宝长到一岁时，两组妈妈和宝宝的亲密度依旧明显不同。第二组妈妈对自己的宝宝更敏感，母子之间更默契。她们抱着宝宝时更有力，会更主动地配合医生给宝宝检查身体，也不愿让他人代为照顾宝宝。最让人惊叹的是，她们对宝宝的生理、心理、情感的需求反应更快速准确。宝宝长到两岁时，研究人员做了最后一轮的观测记录，第二组母子的感情非常稳固。这些妈妈和宝宝的互动更多，说话时会用更多的词句，给宝宝下的命令更少。她们对宝宝的肢体语言也更敏感，理解更准确，可以更及时高效地回应宝宝。后来其他更长期的研究和观察得到的结论也证实了他们 3 位的观点：早期的母子接触和宝宝的心智发育关系密切。

危地马拉的罗斯福医院做了一个小测验，9 位妈妈一出产房就可以抱一会儿还没穿上衣服的宝宝，另外 9 位妈妈则按照医院妇产科的惯常程序从产房出来后就和宝宝分开了。所有的宝宝都在婴儿房里待够 12 个小时之后再送到妈妈身边哺乳。窗外站着从未见过这些母子，也并不知道哪对母子有过亲密接触的医生，他们对妈妈和宝宝的互动进行观察，并记录了妈妈的爱抚、亲吻、拥抱、按摩、注视等动作。第一组母子的感情强烈且明显，医生们不费吹灰之力就辨认出她们和这些小生命在诞生伊始的敏感期就有过亲密接触。

所以，宝宝诞生伊始的母子接触和日后母子感情的建立、发展有着紧密的关联。许多实验证明，宝宝对妈妈的体味极其敏感，可以通过嗅觉轻易把妈妈从众多女性中甄别出来，而且很少出错。研究也表明，宝宝能够通过声音来辨别自己的妈妈。这种具有强烈选择性的偏好是宝宝刚一出生和世界的初次接触中形成的，是母子亲情的重要组成部分。嗅觉和听觉是母子亲情不可或缺的元素。目前有部分医生开始认识到，现代医学对这一浑然天成的过程已经造成过多的干扰。在汇通基金主办的“父母儿童互动研讨会”上，肯内尔博士告诉与会的同仁，他认为这种干扰往往太多余，阻碍了天然形成的母子亲情。他说：“在医院里，产妇和健康的新生儿都会受到很夸张的待遇。我们给宝宝点的眼药水会让他们看不清楚，甚至让眼皮肿起来，眼睛无法睁开。我们把宝宝身上擦得干干净净，把妈妈的乳头擦得干干净净，但是这样，妈妈的体味可能就不自然了。这些步骤加上一出生就将母子分离的程序，妈妈和宝宝形成并建立亲情的阶段就被严重干扰……有些医生还给妈妈服用各种药物，让她的知觉变得迟钝，本来应该时时刻刻警觉宝宝安危的妈妈却恍恍惚惚，对宝宝的需求麻木或有心无力。这些都严重影响了母子亲密关系的形成。”

幸运的是，更多的医生逐渐意识到，对于自然分娩的干扰越少，越有利于母子的身心健康及情感纽带的建立。因此，上述那些做法也在逐渐消失，准妈妈对此的认知度也更高了，并更多地表达意愿来维护自己对身体的控制权。

洛伦茨博士的项目展示了“敏感期”的重要性以及在这个阶段建立情感纽带的价值。我们可以看到，对于某些物种来说，如果错过这个时期，母子之间没有顺利建立纽带的话，动物妈妈甚至无法接纳宝宝，更不用说照顾它们。不过对于人类而言，虽然分娩后让醒着的妈妈和光着身子的宝宝尽快接触对于母子纽带的形成非常重要，但并不能把“敏感期”作为母子建立感情的唯一参考标准。人类对于自身的情绪具有强大的掌控能力，即使错过了“敏感期”，人类母亲同样能够和宝宝建立健康的情感纽带。因为不同的原因，即使宝宝诞生后就彼此没见过面，许多妈妈在几天甚至几周之后仍旧可以很顺利地和宝宝建立长久坚实的亲子关系。另一方面，也有一些妈妈即使在出生后一直和宝宝在一起，还是会将宝宝拒之门外。换个说法，母爱完全可以超越或克服任何生理基因的障碍，但再强的血脉相承也不见得能够逾越心里对孩子的排斥。

有研究表明，当孩子的出生并非计划之内或者并非法律范围允许的话，母亲就更可能会对宝宝产生排斥甚至憎恶。过重的经济负担、已经相当拥挤的家庭、局促的居住条件、父母之间的感情纠葛等，都将会因为孩子的降临而进一步恶化。但这并不意味着紧张的社会条件一定会让身处其中的母亲拒绝自己的宝宝。前面见证过的萨拉就是一个活生生的例子，家庭条件与父母对待子女的方式毫无关系，这个衣食不愁的宝宝孤独地生活在感情的沙漠里。

更加一脉相承的，是外婆到妈妈到子女的家庭传统式冷漠。在许多家庭里，对宝宝的排斥、敌意、无视就像被时间串起来，在一代又一代的父母手中传递。在孩提时代遭遇父母冷遇的男性和女性更可能彼此吸引成为伴侣，如果爸爸妈妈都从未学会如何回应他人的情感需求，又如何能培养更加温情贴心的孩子呢？这些孩子长大成人、结婚生子，也将继续以父母对待自己的冷漠方式来对待下一代。

“血浓于水”的世俗观点认为只有和亲生父母在一起的孩子才会茁壮成长，父母与孩子是否血脉相承是所有情况下的首要考虑因素。因此，法庭和社会福利机构才不断地判决将寄养的孩子送回他们的生父生母身边，似乎他们才是抚养孩子的最佳人选。这种错误的观念也造成了许多想要留下孩子的养父母痛苦无奈，更导致孩子一生的悲剧。即使从一开始就被亲生母亲排斥的孩子没有遭到任何身体上的虐待，无形的伤害对孩子的影响更深。伦敦大学托马斯·考兰研究中心的芭芭拉·蒂泽德（Barbara Tizard）博士对65名儿童进行了追踪研究，这些孩子都在两岁左右就被送到收养机构或社会福利中心，其中一些后来被送回到亲生父母身边，其他的被别的家庭收养。蒂泽德博士发现那些被送回亲生父母身边的孩子长到青少年时期，要比那些被收养的孩子的心理问题更严重。

## 小改变，大结局

从之前举例说明的3对母子身上，可以看出妈妈和宝宝的沟通多么匮乏，不仅肢体接触少，几乎没有温情，而且孩子和其他人的互动也基本为零。

有些冷漠不见得如此明显，但是给宝宝造成的影响却同样糟糕，甚至更加久远。妈妈的行为举止稍稍做出小小的调整和改变，就可以给孩子的成长发育带来很大的改观。

随着宝宝越来越懂得交际，最初自然形成的母子亲情需要发展为亲密的人际关系。这时，妈妈和宝宝都需要积极参与，配合彼此展开交际互动。妈妈在这期间通过和宝宝的嬉戏或抚摸拥抱等动作传递了大量信息，和宝宝的所有互动都极其重要。如果妈妈和宝宝没有这种亲密无间的一致性，宝宝就会感到迷惑不解甚至孤立无援。即使几周大的宝宝都会敏感地觉察出妈妈表情体态和音调语气的细微不同。妈妈身体的僵直或者紧张都会透过肌肉传递给怀里的宝宝，妈妈感受的无聊、厌烦甚至故意的冷漠同样会通过眼神立即传递给敏锐的宝宝。当然，母子关系再亲密，家庭氛围再轻松，妈妈难免也会疲倦。但是如果来自妈妈的负面情绪微小却源源不断，还是会伤害敏感的宝宝，此时他们表现出来的焦躁不安或许不像遭受妈妈排斥时那么明显。

科研人员故意打乱了母子之间的互动，来看看如果妈妈对宝宝的回应不够敏感，宝宝会做何表现。他们要求妈妈停止自己日常对宝宝的反应，也就是将所有无声语言信号关闭，无论宝宝怎样，她都必须面无表情，一动不动。妈妈可以不断地盯着宝宝，但是不管他咯咯笑，还是手舞足蹈，妈妈必须板着脸不做反应。不但很多妈妈发现这些要求相当难以服从，宝宝的反应也非常让人震惊。

第三章里描述过才 9 周大的乔西和妈妈之间活泼的互动。当小乔西又一次想要和妈妈开始玩耍对话时，研究人员让乔西的妈妈像雕像一样不做任何反应。以下是小测试的经过。

小乔西抬眼看到妈妈走进了房间，她很高兴。妈妈坐了下来，与她的眼睛基本处于同一水平线上。不一会儿，小乔西笑了笑，想和妈妈玩。平时，妈妈会立刻笑起来，开始兴奋地说话。但这次，她只是怔怔地盯着小姑娘看，毫无表情。小乔西很快向一旁看了看，有那么一刻也没有动。但是她又抬起眼看着妈妈，好像难以相信这冰冷僵硬的脸是自己妈妈的。她再次笑起来，继续努力着，但这次也没有得到妈妈的任何回应，她再次望向一边，更长时间没有看回来。小姑娘的热情被泼了冷水，让她有些不知所措，又有些受伤难过。等她第三次掉过头来时，只是上下左右打量着妈妈面具一样的脸，没有笑，眼神充满警觉。她开始踢腿，以前的踢腿往往伴随着其他的手势动作，像跳舞一样手舞足蹈，而这次的动作非常僵硬，一点儿都不协调。她把手塞到嘴里，头又扭到一旁，这次的时间比第二次更久。她打了个哈欠，手握成拳在空中挥了挥，身体紧绷。等她再次掉头回来看着妈妈时，怯怯地笑了笑，甚至有点乞求的可怜样。可是妈妈的脸仍旧空白。小乔西的手指攥紧衣角，最后一次扭头看向一旁，神情沮丧地在小椅子里蜷起来。妈妈站起来往外走的时候，她最后冲妈妈的背影飞快地看了一眼，有点胆怯，丝毫不期待妈妈会转头回来，她满脸困惑，也不再有笑容。

妈妈有时难免会对宝宝发出的信号不做任何反应。波士顿儿童医院医学中心的布雷泽尔顿博士曾经仔细观察一个女宝宝，她的妈妈从小失明，所以不知道如何做出或运用面部表情。妈妈对着宝宝说话时，她的脸往往一片空白。

布雷泽尔顿博士说："4 周大的宝宝观察能力已经非常敏锐。妈妈俯下身来对宝宝说话时，宝宝会对着妈妈的眼睛飞快地看一眼，立刻把头扭开。”

孩子的爸爸也是失明人士，但他是在 8 岁之后才失去视力，所以学习过也熟悉无声的肢体语言，他在和宝宝说话时的动作表情和健全人完全一样。而宝宝对爸爸的反应也和对妈妈的反应完全不同。布雷泽尔顿博士观察到:“爸爸在和她说话时，宝宝会长时间盯着爸爸的脸和无神的眼睛。但是在看到健全人时，她的表现又不同。她会紧盯着我们的眼睛和脸，然后视线跟着四处转。”

这个案例相当不幸，生性敏感的妈妈对宝宝非常投入，她注意到自己说话时，宝宝不愿意看着她，却会看着爸爸，所以来问研究人员。他们给妈妈解释后，又好奇地问她如何知道宝宝到底什么时候看着谁，妈妈说:“我能感觉到她呼吸的方向。”

爱丁堡大学的研究人员约翰·塔特姆（John Tatam）和林恩·默里（Lynne Murray）发现，8 周大的宝宝已经能够捕捉到妈妈对自己的反应中极其细微的变化。

妈妈和宝宝互动时，研究人员运用了专门的光影技术和窗户角度，在妈妈不需调整身体或视线的情况下把注意力从宝宝身上转移到另一名成人身上。在实验的开始阶段，妈妈和宝宝四目对视，对宝宝的一举一动都看在眼里做出反应，母子热切地交流着。这时，研究人员调整了光线，把另一名成人的脸投影到了妈妈和宝宝之间的窗玻璃上，这张人脸只有妈妈可以看到。虽然妈妈和宝宝并未中断对视，但是妈妈的表情和肢体语言开始对这个新出现的人脸做出反应，不再和宝宝的无声语言同步。对于宝宝来说，妈妈的动作变化让他摸不着头脑。貌似一切都和之前一样，妈妈却不再回应他发出的信号。这个实验和其他实验的不同之处在于，妈妈并非完全不理睬宝宝的信号，只是对这些信号做出了非常不合拍的反应。显然，这种反应要比完全不理睬宝宝更难接受。不一会儿，困惑沮丧的宝宝就不再愿意继续这种互动，甚至不愿意再和妈妈对视。

这些实验室里精心策划的实验貌似远离我们的日常生活。但是，在真实的生活中，宝宝期待和妈妈互动的急切心情经常遭遇同样甚或更多的冷遇。真实生活中的妈妈们事务缠身，疲惫不堪，她们或许认为宝宝不过是想玩耍，没什么大不了。只要宝宝吃得饱穿得暖，父母就会认为宝宝无忧无虑，而自己的责任也已经完全尽到。然而，越来越多的研究表明，父母及时和宝宝互动并不是锦上添花，而是宝宝心智健康发展不可或缺的步骤。即便衣食无忧，缺乏与人互动带来的关键刺激，宝宝的心智发展同样会变得迟缓，甚至留下永久的影响。有许多案例同样表明，宝宝生活中各种各样的刺激越丰富，他们的脑力和体力就发育得更快。

## 早期学习与无声密语

日本著名的企业家和教育家井深大对幼儿发育的需求和潜力做了专项研究，他在《改写人生的幼儿教育》（*Kindergarten Is Too Late*）一书中指出，父母应该在宝宝出生后的几周内就开始引导宝宝积极探索世界，如果一直等到3岁上幼儿园以后才开始，宝宝的心智和身体潜能就可能永远挖掘不出来了。

布拉格母婴照护中心的心理医生雅罗斯拉夫·库克（Jaroslav Koch）在与儿童亲密接触了25年后，研发了一系列可以广泛用于刺激儿童身心发育的练习。这套练习验证了早期教育和学习的重要性，其主旨是引导鼓励宝宝最大限度地发挥自己的潜能，而非强迫宝宝去获取人为设计的技能乃至表演。库克医生的练习一般在宝宝几周大的时候开始，循序渐进到宝宝满一周岁。所有这些练习一脉相承的是，父母通过移动或使用好玩的玩具，来刺激宝宝的感官和大脑发育。他在《宝宝全面发展》（*Total Baby Development*）一书中列出了 333 种不同的练习，认为这些早期练习会给宝宝带来各种益处："在出生后 5 个月内，参与练习的宝宝体重比出生时翻了一倍，而普通对照组的宝宝需要 6 个月的时间才会达到这一指标。而且，参与练习的宝宝增加的体重主要是肌肉，而不是脂肪。"这些宝宝的胃口更好，睡眠更充足，哭闹次数也远远比对照组的宝宝少。

这些宝宝的心智发育也更好。库克医生说："秘诀在哪里？这些身体的刺激练习完全符合解剖学的原理，随着宝宝肢体动作更协调频繁，大脑也会获得更多的血液。反之，充分的血液流通又会让宝宝对外部刺激做出更加灵敏高效的反应。"

在早期教育中，父母给宝宝充分而温馨的肢体接触，利用不同玩具互动，对宝宝的全面发育裨益良多。乔伊丝·罗伯森也说过："如果家长可以及时恰当地对宝宝的需求和好奇心做出回应，帮助宝宝尝到探索世界的美妙，那么宝宝的成长和进步将水到渠成。任何宝宝都不会轻易满足于长时间的自言自语或者玩自己的手指。宝宝从父母那里获得的回应和认可越多、越积极，他们对这种互动的期望就越高。遗憾的是，并非每个宝宝都能从妈妈那里得到这些亲密的互动。那些幸运儿要比其他宝宝更加活泼、好奇、善于表达、勇于探索。"

说到这里，有必要踩一脚刹车：对于宝宝的刺激并非越多越好。用一句谚语来说就是："过犹不及，适可而止。"过度纷繁的刺激反而会阻碍宝宝的发育。哈佛大学的伯顿·怀特（Burton White）和麻省理工学院的理查·海尔德（Richard Held）做了一个名为“六十年代”的实验可以证实这一点。他们把一所医院的新生儿分成3组。第一组为对照组，接受医院的标准程序化护理，宝宝们大部分时间都是自己仰卧在婴儿床里，目光所及之处只有白色的墙壁和天花板，唯一能够伸手抓着玩耍的只有自己的小手小脚。第二组从出生后第六天起的一个月里，每天都会有人和他们玩耍20分钟。而第三组的环境被研究人员称为“感官刺激堆”，宝宝的房间四处悬挂了各种各样、五颜六色的装饰品、珠链、小球、镜子和咔嗒作响的玩具。

这一实验的结果非常有意思。对照组的宝宝因为实在没有其他可玩的东西，不出所料，比其他两个组的宝宝更早地发现自己的小手小脚可以当玩具。第二组的宝宝比第一组的宝宝晚一周才发现自己手脚的妙用，但是视觉更灵敏。最让人大跌眼镜的是第三组，这些被刺激物包围的宝宝并没有像大家想象的那样，对自己所处的环境和那些装饰玩具产生多大的兴趣，反而变得手足无措、焦躁不安，不但比其他两个组的宝宝哭闹更多，甚至不如第一组的宝宝视觉灵敏。这组宝宝的案例属于典型的“感官超负荷”。科研人员把他们的小床换回简单的素色，摘掉一些悬吊的玩具之后，这些宝宝很快就恢复过来，心智和体能发育水平也有所进步，而且很快赶超其他的孩子，对运动技能的掌握也要比前两个组的孩子早两个月。

那么，似乎可以得出如下结论：当宝宝一天内受到的刺激本身就比较多时，父母就可以相应地减少一些早期教育的活动。比如，某天家里有不少亲戚朋友来看望宝宝，或者是父母计划带着宝宝逛公园，或参与其他平时少见的活动，这时，父母就可以相应地减少一些早教活动。其他时候，还是应该尽可能经常地给宝宝提供大量的早期教育活动，每天六七次每次持续10分钟左右并不算多。每次练习时，爸爸妈妈需要对宝宝说话，把他们抱起来，嬉戏玩耍，同时在保证安全的情况下，尽可能让他们多接触不同的玩具或日常用品，探索自己的周遭环境。他们的玩具同样应当有不同形状、不同颜色、不同大小，甚至有不同的质感，会发出不同的声音，让宝宝在玩耍触摸时获得不同的感受。另外，这些早期教育活动绝不应该仅仅是妈妈的工作，爸爸的参与同样关键，还要鼓励亲朋好友随时配合。

这样，宝宝就能够尽早地学会如何和成年人相处，同时在安全亲密的气氛中逐步增强自己的信心和生活经验。在玩耍的过程中，父母要鼓励宝宝做游戏的主角，去“回应”宝宝自发的动作，而不是父母安排好所有的动作，不给宝宝留下任何挑战，或者自己玩得不亦乐乎，反客为主。比如，在玩皮球的时候，爸爸妈妈应当把皮球放在宝宝够得着的地方，去发现皮球，抓住皮球，而不应该直接把球塞到宝宝手中。

库克医生还建议，在做这些互动练习时，尽量让房间的温度适宜，让宝宝可以光着身子自如玩耍。穿着的衣服再舒适，也还是会多多少少影响宝宝的肢体活动。

就无声肢体语言的掌握来说，早期教育的益处之一在于父母打下坚实的基础，让宝宝的视觉更敏锐，肢体更灵活，让他们在学习或运用无声语言时视觉和肢体配合更加协调自如。这种运用身体的协调性和习惯性，不仅像库克医生和其他研究人员观察到的那样，是宝宝心智体能全面发展的重要标志，还会帮助宝宝日后更高效流利地掌握和使用无声的肢体语言。同样不容忽视的事实是，宝宝会认识到如何去学习。在这个过程里会对周遭生活的世界产生更大的兴趣、好奇、勇气和自信，这让他们在今后的所有成长阶段都能更善于也勇于掌握更多的技能。库克医生的记录显示，参与他设计的整套系列活动的宝宝们在张嘴说话时也比其他孩子更快。最后一点明显的优势是，这些孩子在几周大的时候就经常与人接触，也更勇于和其他小朋友打交道，从别人那里学会更大量的无声语言的词语，长大后会更容易进入社会，不害怕和陌生人交流。

## 成年人对无声语言的误用

成人和宝宝沟通时使用无声语言需要注意目的和方式，否则可能发错信号，让宝宝摸不着头脑。大部分时候，我们的信号都是直接对着宝宝发出，比如用微笑表示欢迎或肯定，皱眉表示不快乐、有心事，摇头、点头表示反对或同意等，这些信号使用频繁且含义明确，宝宝一般不会误解。

但是，在以下几种情形里，误解仍旧可能发生：

1. 成年人没有掌握肢体语言，或者用错了词，或者无法发出足够强的信号，这时不仅宝宝会看不懂，即便其他成年人同样会一头雾水。这种情况被称为“糟糕的肢体语言”。

2. 成年人不诚实，说一套，做一套，但肢体语言会出卖他。这种口头语言和肢体语言的不一致即便不易被其他成年人发觉，却往往难逃小朋友的火眼金睛。这种人或情况，我们称为“肢体出卖谎言”。

3. 成年人有时会在不经意间做出一些动作。这些动作对于其他成年人来讲也许司空见惯，但对于宝宝而言，这些动作或许具有其他含义，因此会让他们迷惑甚至难过。我们将这种情况称为“做者无心，观者有意”。

## 糟糕的肢体语言

之前分享过一个案例，描述了刚出生的宝宝无法对失明的妈妈发出的无效肢体语言做出反应。视力良好的父母也可能无法完成有效的无声语言沟通。有些人在放松的状态下可以毫无障碍地使用肢体语言表达自己，并和他人沟通，但是换个时间、地点、人物，他们可能就紧张起来。许多年轻的妈妈就是这样，一碰到宝宝立即充满恐惧，全身僵硬。

但是，大部分时候，父母们不会使用肢体语言是他们自己在孩提时代就从未接受过训练。或许，他们的父母不苟言笑，不断告诉他们情感的外露是脆弱的表现。也可能，他们的父母也从未接触过肢体语言，同样不会运用无声语言来表达，就更谈不上把这一基本的社交技能传授给子女。不管原因是什么，即使成年人看到其他人无法恰当地使用肢体语言，也是件痛苦的事情。无论你多么主动搭讪，对方永远都是表情僵硬，你无从知晓他们的真实想法。也可能他们的眼神躲躲闪闪，或者紧盯不放，这两种目光都让人无所适从。他们的动作非常突兀，既无章法又不流畅，和他们说的话毫不合拍。另外，他们似乎也不明白距离的重要性，讲话时不是站得太近，就是离得太远，无法好好说话。

对于成年人的影响尚且如此，对小宝宝来说就更让他们困惑，因为5岁以下的孩子比成年人更依赖肢体语言和无声的信号，也更加敏感。有些人自带压力，他们一走近，宝宝们就会立刻感觉到紧张。即使一分钟前他们还在无忧无虑地愉快玩耍，忽然就变得沉寂警惕。很有意思的是，那些让宝宝们毫无理由害怕的成年人，对家养动物有同样的震慑力，尤其是敏感的马和狗。和宝宝的共同之处是，这些动物在很大程度上需要在短时间内依赖无声的语言信号来判断一个人的性格和意图。

## 身体动作出卖了谎言

几年前，我开车送一名情绪不太稳定的小男孩去一家临时寄养中心，他的心理问题和糟糕的家庭背景关系密切。他的爸爸整天酗酒，动不动就动手打他妈妈。妈妈忍无可忍逃走了，躲进一家妇女救助中心，无法继续照顾孩子，所以小男孩只能暂时和妈妈分开。

我们到了寄养中心，一位体态丰腴、笑容满面的妇女前来开门，一见面就热情地紧紧抱住孩子，热烈地欢迎他入住，我从未见过如此洋溢的热忱。但是，等我拎着他的小箱子陪孩子上楼去房间时，他轻轻地在我耳边说："这个女人好凶，我讨厌她。"当时我只以为孩子是因为妈妈不在身边，厌恶任何陌生的环境。但是，几个月后，我听说那位女性已经被寄养中心解雇，原因是，她虐待自己接手的孩子。在温柔欢乐的外表下面藏着的，是一个让人战栗的虐待狂。小男孩一眼就看穿了她，认清了她的真面目。

小朋友对于无声语言的依赖让他们对这套信号也更熟悉，可以觉察到一些其他成年人注意不到的细微线索，看到最真实的内在态度。与此同时，成年人却忙着分析那些口头措辞的真真假假，对更加诚实而明显的肢体信号视而不见。无论成年人的语气多么温柔，措辞多么和善，小宝宝们总能明辨出对方是真诚还是伪善，是愤怒还是冷漠。这些成年人的言辞和肢体动作根本不搭，身体不是过于放松，就是过于紧绷，表情也过于僵硬。他们嘴上说"见到你很高兴"，身体却在拉开距离。那些关起门来吵架的家长听到心理学家说孩子的压力和难过源自他们彼此的纠纷时惊讶得合不上嘴："我们在孩子面前一直和颜悦色啊。"是的，也许当着孩子的面，家长的对话非常礼貌，甚至不乏溢美之词，但是孩子的眼睛看到的是他们无法隐藏的针尖对麦芒的肢体语言。

## 做者无心，观者有意

有时候，大人发出的动作信号会把宝宝吓一跳，而大人都不知道。他或许嘴里说的是温柔鼓励的话，身体上却做出带有威胁性的动作，孩子看到了动作中的威胁意味，受到惊吓，家长却不明就里，满是委屈。

我在幼儿园记录宝宝们互相玩耍交流的视频时，也总会记录下来放学时妈妈接孩子的情景，再对妈妈们的行为进行研究。她们的行为和孩子的反应不仅会透露出大量关键的母子、父子、父母关系等信息，还会为孩子在幼儿园的行为表现提供重要而清晰的线索。

我们来看看几对母子在分离一整天之后再见面时的不同问候仪式，同时想想这些问候对孩子整体行为表现的影响。

小露西的妈妈是 27 岁的艾莉森，她来接小姑娘时总是兴高采烈，洋溢着浓浓的爱意。3 岁的小姑娘迫不及待地跑向妈妈，妈妈总是双臂伸得直直的跪下来迎接小露西。她会紧紧地抱着女儿，然后细细端详，母女都满面笑容地互相看着对方，脸贴着脸，鼻尖都要顶在一起了。这个问候环节结束后，妈妈慢慢地站起来，牵着女儿的手，走到柜子边去取她的外套。母女俩都活力四射、神采飞扬。小露西在幼儿园是强势领袖型的孩子。

4 岁的阿里是强势进攻型的孩子。他的妈妈，23 岁的布兰达来接他时，母子的互动完全不同。小男孩一样跑着迎向妈妈，布兰达双手叉腰，上身向前倾，淡淡地笑一笑，然后直起身来，转头走向旁边的朋友，同时伸出手去等着阿里来拉。孩子拉到手，她马上向着衣柜走过去，再也没有多看他一眼。

小露西受到的是妈妈温暖、活泼、耐心地对待。母女见面的那几分钟里，妈妈艾莉森全身心扑在女儿身上，彼此分享诸多笑容和对视。小露西向着妈妈跑过去时，妈妈会跪下来，眼睛和面部与她处于同一水平线上，这是任何一对大人和孩子轻松沟通的基础。如果大人仍旧站着，只是将身子俯下来，这个肢体信号显然像威严的铁塔般居高临下，甚至有点盛气凌人，脸上的笑容再灿烂，讲话的语气再温柔，都无法抵消这种乌云压顶的沉重压力。换个角度想想，如果和我们对话的是个巨人，我们的视线只能到对方腰部，抬头看到的永远是对方的鼻孔，我们照样也会浑身不自在。

布兰达不仅因为站着的姿势传递了高高在上的震慑力，更糟糕的是，当阿里跑向她时，她双手叉腰、身体前倾，这个动作之前在第六章里谈到过，是小朋友眼里极具进攻性的动作。小阿里心里也许知道，妈妈不会欺负他，但即便如此，这个动作让妈妈本来就不那么可亲的问候动作变得更加冷漠。孩子接下来从妈妈那里得到的是随意应付的一瞥，她就去和别人聊天了。肢体的接触同样少之又少，她拉着孩子飞快地走到衣柜前，三下五除二地扯下衣服就给他套上去了。

在和小宝宝沟通时，我们必须时刻记住，即使自己的本意再友善，即使其他成年人不以为然，宝宝都有可能会受到我们那些不经意的肢体动作的困扰。

我们的动作应该是流畅的，而不是突兀的，尤其是对第一次见面的宝宝。成年人应当蹲下来、跪下来，或者坐下来，让自己的脸和宝宝平视。最需要记住的是，千万不要仅仅是站着上身前倾。保持笑容、四目对视、表情生动，都很重要。不要害怕真情流露，比起口头表达，宝宝能够通过你的触摸、轻抚、拥抱等无声语言更真切地感受到你对他的爱意。

如果你想要做个鬼脸，或者弄出声响来发出玩笑式的进攻信号，一定记得要在此之前先充分铺垫友爱的信号，这样宝宝才明白你只是在跟他玩，而不会当真。一些成年人，尤其是男性，对小宝宝不太习惯，爱大声说话。在他们看来也许只是无伤大雅的搞笑游戏，会让出生不久的宝宝惊恐万分。要记得，成年人眼里任何的小动作在宝宝的眼里都会因为我们身高力壮而倍具威胁。

轻轻触摸、只抓着宝宝的手指或在头上轻拍等肢体接触并不会传递喜爱的信号，对于宝宝来说，这些充其量只是中性的动作。如果做出动作的成年人是宝宝一直以来主要的看护人，那么这种毫无意义的轻触反而会让他们莫名其妙，甚至六神无主。有时候，成年人以为轻拍宝宝的头是友善慈爱的表现，但是宝宝从来不会这么想。妈妈们几乎本能地意识到这一点，所以很少做出这个动作。爸爸们或者一些亲朋好友更经常拍宝宝的头，但这些人大多数是些远房亲戚或点头之交而已。

要想和宝宝达到心灵的亲密，爸爸妈妈首先得和宝宝达到肢体的亲密。宝宝如果想对另一名宝宝示好，会很主动地跑过去抱着或拉着对方。成年人想要让宝宝感觉到自己的温暖、安慰、保护和爱意，同样需要如此近距离、高强度的肢体接触。3 岁宝宝的妈妈告诉我：“我经常对她说我爱她，这难道还不够吗？”答案很简单——不够，远远不够！

## 迈好人生第一步

宝宝的无声密语绝不仅仅只是宝宝在学、在用，任何参与照料宝宝、陪伴他们成长的成年人都身负重任，需要和宝宝一起发现并学习使用这门无声的语言。

在宝宝这个关键的成长阶段，对忽视他们心智发育造成的后果也许不像身体上的照顾不当带来的伤口那么即时显现。但心中无形的伤口，或许需要更长的时间、更坚韧的努力，才会愈合。

用心负责的父母如何使用学到的无声密语知识呢?

第一步永远都应该是通过对宝宝肢体语言的解读来准确分析眼前的形势，这样才能精准地评估并找到宝宝可能面临的困难。唯一有效的办法就是静静地直接观察记录宝宝的表现。但是，除了目不转睛地盯着宝宝看，还有一种间接的办法能帮助你获得一些额外的信息。通过回顾已发生的事情，我们可以获得崭新的角度来审视当下的家庭状况和成员互动。我们不需要去幼儿园、公园或游乐场，而是要进入客厅甚至阁楼，翻出那些尘封的日记、相册，让过去的故事浮现出来，你自然会对眼前的形势产生新的洞见。

# 第九章　尘封相册里的那些秘密

运用已经掌握的知识，你打开的就不仅是一本家庭相册，还有那些照片背后的秘密。它们绝不单单是对家庭聚会或者外出游玩的简单记录，而更像是具有记忆的镜子，将按下快门那一刻抓住的无声语言片段固定下来，藏在记忆深处。如果你细细地去看图像中每个人的肢体语言，就能对他们的个人性格及家庭成员之间彼此的亲疏关系有了大概的洞悉。对于了解宝宝的状态，这种分析的价值尤其显著。时隔若干年的一系列照片讲述的既是昨天的故事，更是当下的现状。就像考古学家可以通过一座遗址深入了解历史一样，目光敏锐善于捕捉蛛丝马迹的人也可以从一本相册里挖掘出丰富的信息。我们慢慢地翻过那些泛黄的照片，就可以逐渐梳理出今天所见的亲疏远近的不同态度和关系的进化史，也可以更清晰地看到不同的性格如何形成，友情或敌意又是源自何处。知往鉴今，这些固定在过去的时刻给我们打开了一扇看到过往的窗户，让我们能更好地理解今天。我们来举例说明。

不久前，有一位年轻的妈妈来求助。她坚信自己 6 岁的女儿要长相有长相，要性格有性格，要才艺有才艺，具备了一切童星需要的素质。她梦寐以求想让小姑娘进军演艺界，花了一年多的时间拉着女儿东奔西跑，到处去见经纪人试镜，也花了不少钱请专业摄影师给小姑娘拍写真，请戏剧老师给孩子上表演、发音、形体等课程，可结局惨不忍睹。小姑娘试镜的次数倒是不少，但从来没有正式拍过一部戏，唯一面对的专业镜头就是妈妈花钱雇来的拍摄写真集的摄影师。所以，妈妈来找我，想让我来帮忙分析一下问题出在哪里。

在妈妈的眼睛里，女儿貌美如花、开朗活泼。事实上，小女孩长得是很端正，但也绝非眉目如画，而且性格也非常安静内敛。孩子自己并非做梦都想成名，只是努力去迎合自己的妈妈而已。屡试屡败让母女俩都疲惫不堪。妈妈递给我一套摄影棚里精良制作、用心包装的女儿个人写真集，感慨着："她的照片多美啊！"这些照片的确看上去很棒，不过我更感兴趣的是小女孩和家人一起拍的自然真实的照片。过了几天，妈妈带来一本更厚的相册，里面有许多小女孩和兄弟们的照片，最后一张已经是一年以前了。而正是那个时候妈妈自以为发现了女儿的潜质，开启了忙碌的造星之旅。从这些照片也看得出来，为什么妈妈想请专业摄影师帮忙掩盖女儿的一些瑕疵，放大一些优势。他们用灯光、服装和化妆品把女儿包装成一个童星的样子，和妈妈幻想出来的童话世界一丝不差，但那些随意拍摄的家庭照片才是真实生活的如实记录。妈妈不太喜欢这些照片，认为那些摄影棚里精心布局的柔光拍出来的朦胧照片才更好看。我陪着她一页一页翻看着，过了差不多半个小时，她忽然抬起头来说："你说得对，她不是那块料。"说完这句话，她几乎如释重负地舒了口气，仿佛如梦初醒。梦想是破灭了，但至少她不需要继续在现实面前装作视而不见。

在真实而随机的照片里，人与人之间的关系暴露无遗。一次公开讲座后，听众中一位三十来岁的男人找到我，向我倾诉自己对继母的内疚之情。他说在自己 3 岁的时候，生母撒手人寰，一年后父亲另娶。“继母待我如同己出，关爱有加，无微不至。但我从未能给予回报，因为我不喜欢她，甚至有些恨她，毫无理由地恨她。她对我那么好，我却以怨报德，这是我自己本性恶毒吧。”

我和他聊着，慢慢发现其实他和继母对彼此的看法迥异。继母和父亲很小就把他送到寄宿学校，即使逢年过节，他也不会回家，而是去一位舅父的农场。“那是因为我生来体质弱，乡下的空气对我更有益。”他解释说。听他讲下来，他和继母的关系本来就没有什么亲密起来的可能性。我让他找一些儿时的家庭照片。我们再次见面时，他拿出来三十多张照片，每张照片都证实我的猜测是对的。不到一刻钟，他就看出来，这十多年来，他一直在一厢情愿地自我安慰而已。

有 18 张照片是继母和她亲生的孩子，也就是和他父亲婚后生育的双胞胎。8 张是这位男士和他的父亲。只有 4 张照片里，他和继母在一起，没有哪一张能看到丁点儿他口口声声描述的那些浓浓温情的影子。相反，这些照片讲了一个截然相反的故事。那位高大瘦削、面容严厉的女性总是与他相隔一臂之遥，几乎没有任何的肢体接触，她的目光也从未望向他。有两张照片是一家人野餐和去海边玩的场景，大家都很自然，继母仍旧身体僵直、表情死板。然而，在那些她和自己亲生孩子的照片里，继母就像换了个人，身体放松、满面笑容，充满呵护地把两个孩子紧紧拥在怀里。

在那 4 张黑白照片里，少年的孤立无援、痛苦挣扎一览无遗，它们无情地击碎了这位男士在自己脑海中描绘出来的温情脉脉的幻想。现实过于残酷，他需要这些假想来说服自己：继母对己出的双胞胎和对自己一样地慈爱，因为只有这样，他的生活才好过一点儿。

在寄宿学校或舅父的农场上，或许想象中的这位慈母给予了他些许温暖，让那些孤寂寒冷的日子少了一点点煎熬。但是，这些假想让他自己也信以为真，让长大成人的他背负了过多没有意义的自责，无法理解自己为何会对慈祥的继母报以憎恶。他有寸草心，但事实是，继母从未给过他任何的春晖情。

美国已经有一些心理分析学家开始将自己病人老照片的研究纳入综合病情诊断分析的体系，他们希望穿过尘封的镜头一窥病人的家族历史，看到那些曾经的创伤，从而对眼前的案例有更多的了解。

当然，翻看老照片不见得非得这么严肃，也不见得非要抱着上面所说的把家族历史翻个底朝天的目的。不过，重新看看这些泛黄的照片，往往会提供一点你以前可能没有想到或注意过的新知识。和宝宝的无声语言这么久都没有被人发现一样，这些历史的点滴也一直静静地隐藏在这些照片里，等着被人发现。我们需要对宝宝的行为，以及老照片，重新审视一下。一旦你明白了这门语言，就会注意到它无所不在，也会对宝宝的动作沟通有崭新的认识。老照片也是一样。

你一般对其他人的照片有什么样的反应？也许一看到别人抬着厚厚的相册出来或者架起投影仪，就会不由自主地在喉咙深处发出无聊的嘟囔，趁人不注意时翻个白眼。你也许会飞快地翻过相册，偶尔礼节性地停下来夸奖一下照片里主人公的长相，或者照片的取景、生动的色彩，等等。即便是亲朋好友的相册让你真的很感兴趣，你注意到的往往也只是浮于表面的一些细节而已：“皮特长得好快啊，都那么大了！”“吉安长得越来越像妈妈了！”或者“那个地方老是阴雨天，下个不停！”也就是说，我们看到的往往是非常明显的表面现象，而照片可以透露的远远不止这些。

分析照片需要时间和耐心，让我们用研究宝宝一举一动时培养的无穷耐心和对细节的敏锐观察力来进入一张张的老照片吧。

## 老照片的温度

无论是飞速的抓拍还是刻意安排的摆拍，老照片总能够提供一些让人意想不到的信息。当然，随意凑在一起的抓拍要比摄影棚里费时费劲“艺术”的摆拍提供更丰富的信息。

照片既能说明镜头后摄影师的想法，更可以讲述镜头前被拍摄的人的故事。许多的家庭照片是爸爸拍的，所以一般镜头里没有他；但有的时候可以定时自拍，爸爸们按一下快门，在倒计时的几秒钟之内匆忙跑到前面和大家站到一起，有时候挤进去了，有时候站错了位置，还有的时候跑得不够快，甚至还没来得及站好，把其他人逗得哈哈笑。

如果是由爸爸或妈妈拍的照片，我们可以通过分析孩子的表情和姿势，看出家长和子女之间的关系。比如，孩子的表情是轻松愉快，还是紧张不安？大家的姿势是像军队一样整齐划一，各就各位，笑容及目光一致，还是一堆孩子你上我下，随心所欲？那些笑脸是发自真心的眉开眼笑，还是第四章里描述的僵硬呆板的“冻茄子表情”？注意去寻找一下眼睛下方的小皱纹，你就可以得出判断。宝宝们的神情是无聊至极、活泼灵动，还是冷漠无比？他们的态度可以让我们对于快门按下去之前的那一刻发生了什么有所了解。

首先，从照片的整体印象开始，对于所谓的“照片的心理温度”，第一感觉往往相当准确。有的照片一眼看上去就会感觉很温暖，有些照片的冰冷疏离感显而易见，有些则不温不火。

一般来说，绝对不是照片中的某一点让你感受到它的温度，而是许多不同的肢体语言信号的作用。有些信号相当明显，有些需要细心体会。照片中所有人物各自的表情、体态以及彼此的关系组合起来，再结合一点儿背景的影响，形成了一张照片的心理温度。有时候，环境会直接影响到观者的情绪，让他们忽略其他更关键的细节。我曾经在纽约做过一场演讲，用到了当时在正内外动荡的葡萄牙里斯本的贫民窟拍摄的照片。照片里的小朋友脸上脏脏的，衣服破破的，他们的背后是岌岌可危的破旧房子，面前是狼藉满地的垃圾。在场的观众立即惊呼一片："天啊，看那些孩子多可怜，多痛苦啊！"他们的反应情有可原，但是和照片反映的实际情况有着天壤之别。那些孩子一点儿都不痛苦，他们笑容满面，正爬进一辆破旧的汽车里玩得不亦乐乎。

虽然他们身处的环境很糟糕，但这张照片本身并不能说明孩子们一定痛苦万分。我们作为观众，一旦将自己的偏见和态度先入为主地强加到照片上，就会被蒙蔽双眼，无法看到真相。环境的确重要，可以提供一些辅助我们理解图片的上下文，但最关键的是，要仔细观察照片中的人物。

来看看第 214 页和 217 页两张照片，感受一下它们不同的温度。第一张是 19 世纪维多利亚时代[①]照相馆的摄影师所拍，第二张是几年前我自己拍的。大部分人在看到那张 19 世纪照片的第一眼就感到不寒而栗，而认为第二张洋溢着温馨的家庭气氛。

很可能你的感受也是如此。但究其原因，到底是什么让这两张照片给大家造成反差如此巨大的感受？最明显的不同首先在于每个人的表情。维多利亚时代的那位妈妈和她的两个宝宝表情都非常严肃死板，而

①英国维多利亚女王统治的时期，即 1852—1901 年。

维多利亚时代的家庭照。面容严肃的妈妈和表情呆滞的宝宝，让这张照片也冷冰冰的。

另一张照片中现代的妈妈和孩子们都非常轻松，面带笑容，友善热情。我们会觉得和这家人的实际相处也应该很愉快，但是换成和维多利亚时代那个家庭相处一会儿，可能就会觉得不自在，太紧张了。我们是否能够和照片中的人物产生共鸣，会在很大程度上影响感受到的照片温度。

接下来，再看看图片中人物的目光。在第一张照片中，两位宝宝看着镜头，也和观众产生了对视，但是妈妈的视线却躲开镜头，严厉地望向摄影师的左侧。我们讲过，目光交流是无声肢体语言中重要且微妙的一部分。总是刻意避免眼神交流的人会显得冷漠、躲闪，不够友善。而现代家庭的妈妈吉尔则在 4 个孩子的围绕下微笑着看向镜头，目光和我们产生了交流，这也许是你观察到的第一个区别。在慢慢观察完她的面部表情后，我们才开始把目光转向她身边的孩子们。

在摄影师把所有人收入画面，按下快门的一刹那之前，无论这个群体的组合多么随意，大伙还是会不由自主地摆出姿势。这时，人与人之间的距离就发生了变化，我们在拍照时会比平时站得更近。但即使这样，我们下意识的身体姿势和彼此距离还是会相当可靠地透露一些信息。

维多利亚时代的老照片里，在按下快门之前，照相馆里的摄影师很可能命令两个孩子："站得再近些！"这样才能把所有人都收入同一张照片里。我给吉尔一家拍照之前，也对她的孩子们说过同样的话。不过，只要大家都进入同一个画面，我，或者是那位 19 世纪的摄影师都不关心大伙怎么站。一般来讲，照集体照也是这样，摄影师更关心所有人是不是都集中在了画面里，是不是都睁着眼睛，被拍摄的对象有绝对的自由自行决定站在哪儿、怎么站、站在谁的旁边，双手交叉抱在胸前、叉腰，还是插在口袋里，或是搭在身边人的肩上，彼此搂着亲密地靠着，还是尽可能互相远离，等等。即使是在花长时间排好位置的集体照里，这些小动作仍然可以透露许多个人性格和人际关系的秘密。

在那张维多利亚时代的照片里，两个孩子都靠在母亲身上。这个动作如果是下意识做出来的，传达的是温暖的爱意，但是在这张照片中，这个动作却显得僵硬做作，兄妹俩像是靠着一棵树一样地倚在母亲身边。照片左侧的男孩手臂横在母亲的裙子上，手指紧握，显然是在服从命令，摆出这个姿势，而不是因为爱着母亲自然而然做出来的动作。不过，即使这样，他和母亲的关系似乎也要比照片左侧妹妹和母亲的关系要亲近一点儿。妹妹似乎只是看上去依靠着母亲，她的重心仍旧放在自己的两只脚上。母亲也没有想要和两个孩子有任何的互动，甚至好像都不知道两个孩子的存在。她的双手交叉着搭在腰间，发出很强的防御信号。两个孩子的衣着几乎一模一样，没有任何性别特征，不知情的人很难分辨到底谁是男孩，谁是女孩。虽然在 19 世纪的照片里许多孩子穿的衣服都差不多，但是这种丝毫没有任何性别特征的着装方式还是很让人吃惊，家长似乎是要通过服装的一致来努力压抑孩子的不同个性。

吉尔的孩子们都紧密地围绕在妈妈身边，她们彼此手拉着手，形成一个友爱的圆环。琳达和肖恩的手一起搭在妈妈的肩膀上，男孩的左手充满庇护地搭在妹妹维尼莎的肩上，而小姑娘的手伸出去搂着小宝宝。整个气氛非常温馨。

这些照片背后的故事到底是什么？真实的情况和我们能够分析猜测出来的到底有多大的区别？

维多利亚时代的那张照片是 19 世纪 80 年代拍摄的，把照片交到我手中的是一位老人，也就是照片中的那个男孩子。他给我照片的时候已经 80 多岁，仍然清晰地记得自己惨淡灰暗的童年。他的母亲是位极其自制内敛的人，几乎从来没有对任何人表露过一丝丝的感情。而他的父

开心的妈妈和她的孩子们。吉尔不顾医生的劝阻，生了几个健康的孩子。他们其乐融融，彼此友爱，让这张照片充满温馨。

亲是位还算成功的商人，严以律己，苛刻待人，他和妹妹经常因为一丁点儿的过失就遭到严惩。母亲的确对他要比对妹妹更亲近和善一点儿，但也谈不上慈爱有加。他的妹妹似乎就按着母亲的模子长大：内敛、害羞、不善表达。

另一方面，吉尔却几乎是一路荆棘、不断吃着闭门羹走过来的。她坚毅地克服了命运摆在自己面前的所有不幸，更无视医生的警告，建立并壮大了自己的家庭。她 5 岁的时候得了小儿麻痹症，腰部以下从此瘫痪。医生警告她永远都不应该生育，她自己也在十几岁时从来都没想过要结婚生子。但是，最后她还是找到了爱人，成了家，更不顾医生的反对，成了 4 个健康活泼的孩子的母亲。不幸不但没有让她怨天尤人，反而把她锤炼得更加坚强。这两张姿势造型都很类似的照片讲述了两个完全不同的家庭故事。

接下来，我们继续看两张照片，它们的拍摄时间跨越 60 多年，却有着惊人的相似之处。

第 220 页和 221 页两张照片中的成年人都在微笑着直视镜头，照片都散发出温馨的气氛，但是仍旧不像吉尔一家的照片那样让人油然而生舒适的感受。再仔细研究一下这两张照片，你就可以发现这些不同原来源自那些嘴角、眼角的细微动作。

爱德华时代[①]的那张照片中的女士叫作玛丽，照片的拍摄时间为 1910 年。她露出上排牙齿微笑着，目光看向镜头。这两个信号结合起来会给人很舒适愉悦的感觉，你会觉得她相当友善。但同时，你还会觉得镜头前的她有点紧张，不那么自在。她的上唇是水平的，嘴角的上扬也很轻微，减弱了这个笑容的强度。不过，还有其他的信号造成这张照片

①指英国国王爱德华七世在位的时期，即 1901—1910 年。

的整体印象稍显僵硬。仔细看看，你会发现她右侧的上牙轻轻地咬在下唇上，这个动作在第四章里解释过，表现了犹疑不定的情绪。我可以很安全地推测，这位女性平时根本不喜欢照相，只要在镜头前就会不自在，拍这张照片也似乎只是因为要陪孩子合影才勉强为之。

后面那张照片中的女性乔安娜因为阳光有些刺眼，眼睛微微眯了起来，这让她本来就显得相当羞涩的浅笑更加平淡朴实。看到照片，你会觉得她和玛丽一样，在镜头前不大自在，很是矜持。

玛丽即使有些犹疑，还是眼睛大方地直视镜头，散发着相当坚定自信的气息，应该是位懂得相夫教子的贤妻良母。乔安娜看上去同样善良友爱，但是更加内敛一些。照片告诉我们，她很好相处，但不会主动去和别人搭讪。

现在，我们再来看看两张照片中的母子关系。玛丽把小宝宝抱得紧紧的，但并没有因为小宝宝而冷落女儿罗兰。她的身体向着罗兰的方向倾斜，手同时抓着局促不安的宝宝，让他安静地坐在自己腿上。罗兰自己乖乖地坐着，表情相当严肃，但是两条腿在椅子上垂下来，好像随时等着照片拍完就要跳下来，跑去继续玩。她的手放在胸前，有一点点防御，但是并没有十指交叉，而是攥着衣服的花边。这种不知所措同样有可能是因为大人让她要乖乖地摆姿势照相。小宝宝坐得直直的，眼睛紧紧地盯着镜头，玛丽抓紧他的小胳膊，不让他乱动，这说明宝宝精力充沛。

和乔安娜一起照相的小男孩小力那年 3 岁，他抬起头疑惑地看着妈妈。妈妈温柔慈爱地搂着他，头向着他的方向微微倾斜。6 岁的女孩小金背着手盯着镜头，和乔安娜之间并没有那么多的肢体接触，陌生人会因此以为母女关系不如母子关系亲密。这种脱离了背景妄下的结论恰恰

照片里这位爱德华时期的女性显得有一点儿不安。是什么给我们造成了这种印象呢？从这张照片中，你还能得到关于她的什么信息？

是我们在分析老照片时需要刻意避免的一点。照片中的乔安娜和小金是阿姨和外甥女的关系，而不是母女，她们之间再亲，也显然不会像妈妈和儿子之间的感情那样亲密。

所以，在研究别人的照片时，一定要先搞清楚他们之间的关系，然后再去评论人家的肢体语言，否则你的评头论足就可能站不住脚，让别人侧目，让自己难堪。

我是从玛丽的女儿罗兰那里拿到照片的，罗兰说自己那时不过四五岁。她记得自己的母亲坚毅能干，把里里外外都收拾得井然有序，将家

乔安娜和孩子们在后院的照片。从两个孩子的不同姿态中，你观察到了什么？

人照顾得妥妥贴贴。罗兰的小弟弟长大以后依旧活泼好动，很有主见，和这张他有生以来第一张照片里表现得一模一样。罗兰告诉我，母亲很不喜欢照相，这一次也仅仅是为了纪念小宝宝的降临才勉强出镜。她的父亲喜欢自封为摄影师，业余时间很喜欢也很会拍照，但是轮到自己的妻子，他每次都得左哄右骗才能让她坐到镜头前面来。

母亲觉得乔安娜是个相当严肃但腼腆的人，总是藏在不被人注意的角落里。乔安娜非常喜爱自己的儿子小力，和有主见的外甥女小金也很亲。

## 时光如梭

针对一张照片中不同的无声语言信号进行分析，我们可以得出许多结论；如果我们把同一个孩子不同年代的照片放在一起，就可以发现更丰富、更有趣的故事。

我们翻着照片在时光中穿梭，一个家庭中不同成员的性格变迁和彼此关系的发展就逐渐展现出来。

第 223 页到 225 页的这些照片是从同一本家庭相册里抽取出来的，记载了 3 位小姑娘跨越 8 年的变化。在第一张照片中，中间的小卡萝才 3 岁，两边的双胞胎妹妹刚一岁半。小卡萝对两位小妹妹浓浓的喜爱之情从照片中一览无余。她目光直视镜头，开心地笑着，胳膊伸开搂着妹妹，保护她们，两个双胞胎宝宝的表情一模一样。

第二张照片是 3 年后全家去公园玩的时候拍的。姐妹三个的姿势基本一样：卡萝仍旧是主角，她站在中间，眼睛直视镜头，充满喜爱地搂着两侧的小妹妹，把她们往中间拉。卡萝开心地笑着，眼角的小皱褶表

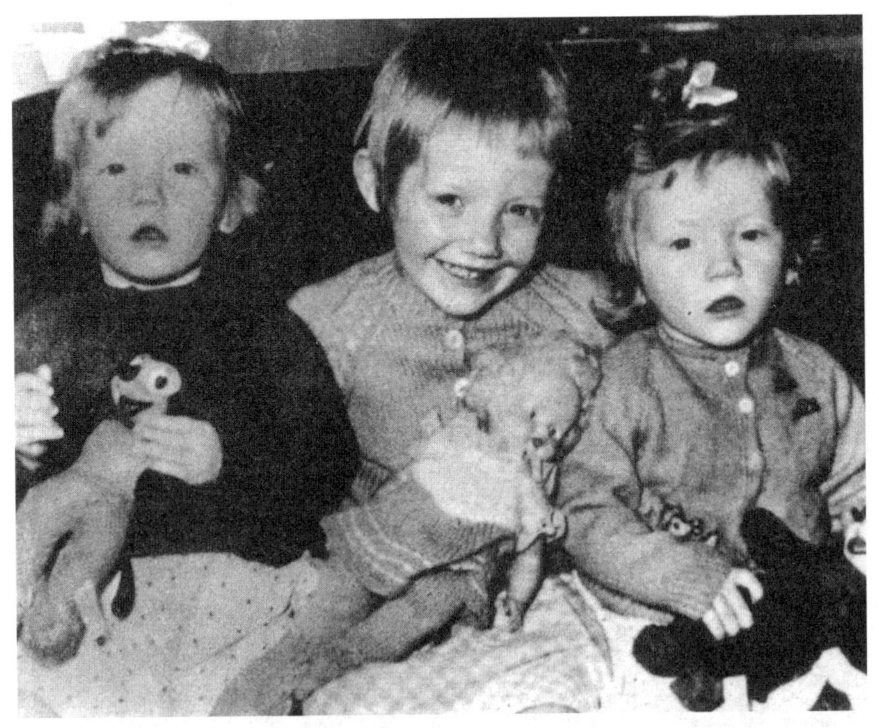

3 岁的卡萝坐在一岁半的双胞胎妹妹中间，搂着杰奎琳和莉莎。她的脸上洋溢着对两个妹妹的喜爱。

明她的露齿笑发自内心，非常真诚。照片左侧的杰奎琳笑着，表情有点淘气，她的目光望向右侧，被画面以外的什么东西深深吸引。照片右侧的莉莎则直视着镜头，表情严肃。

请留意一下卡萝搂着双胞胎妹妹时细微不同的姿势。她的右手张开搂着杰奎琳的右肩，而且似乎抓得很紧，像是要把杰奎琳摁在那里，不让她跑掉。而杰奎琳的姿态也证实了这一点，她右脚抬起右手握拳，似乎在等照片拍完马上就向着图片右侧那个更有意思的东西冲过去。卡萝的左手搭在莉莎的肩上，手指合拢抵在小姑娘的脸上，虽然没有很用力，

3 年以后，卡萝还站在双胞胎妹妹中间。请注意一下她的双臂如何以不同的动作和力度搂着双胞胎妹妹，以及她们的表情。这些细节可以为我们提供非常重要的线索，展示家庭成员的性格以及彼此的关系。

但显然也在把莉莎往自己身边拉。

又过了 5 年，全家人又拍了一张照片，可以更清楚地展示全家人的性格。我们还是先看看站在沙发后面的卡萝和她的双胞胎妹妹。这时，卡萝已经 11 岁了，不再是之前两张照片中那个冲在最前面、站在最中间的小姑娘，变得腼腆了一些。她在最后和喜欢的两个妹妹站在一起，不再搂着她们。和上一张照片相比，她长大了，内敛了许多。她的笑脸仍旧温暖真诚，目光仍然友善，但是不再有前两张图片中洋溢的热情。

距离上一张合影又过了 5 年。卡萝还是站在两个妹妹中间，但性格发生了变化，两个双胞胎妹妹的性格也发生了变化。通过这张照片，我们也可以看出其他家庭成员的性格特征。

她右侧的杰奎琳也似乎内敛了许多，有点防御似的交叉着双臂，倚靠在沙发背上。

从这 3 张时间跨度 8 年的照片中，我们可以看到孩子们性格的变化和发展。卡萝显然很喜欢双胞胎妹妹，经常站在她们身边，亲昵地搂着她们（至少在第一和第二张照片中）。很有意思的是，杰奎琳总是站在她的右边，而莉莎总是站在她的左边。这说明，卡萝觉得杰奎琳比莉莎更难管，需要看得紧一点儿，所以会用自己更灵活有力的右臂来控制她。

在第一张和第二张照片中，杰奎琳的确比莉莎看上去活泼好动一些。不过，等她长到9岁时，又变得安静乖巧了。

她们的妈妈温迪告诉我，这些基于几张照片的简单描述都相当精准。卡萝已经20多岁了，成家生子，一直待人和善友好，从小到大都是妈妈的好帮手，就像是双胞胎的小妈妈。在8岁之前她一直非常开朗外向，但是8岁以后开始变得腼腆害羞，对拍照也不再有兴致。

双胞胎姐妹虽然长得很像，但性格迥异。妈妈温迪说杰奎琳从小热情大方、善解人意，而莉莎更沉着理智，看待问题总是脚踏实地。妈妈说莉莎“很清楚自己的目标，而且按部就班，轻易不受干扰”。

一开始，两个姑娘小时候，带头做游戏的总是鬼点子多的杰奎琳，两个孩子都精力旺盛、古灵精怪，所以这些游戏往往以某种形式的小灾难结束。温迪记得有一次两个小姑娘决定去“帮助邻居修整花园”，眨眼的工夫就把人家的鲜花草坪掀了个底朝天。怪不得卡萝老想把好动的杰奎琳摁住，好让她乖乖拍照。长大几岁后，莉莎取代了杰奎琳的位置，成了小姐妹中带头的那个。在第二张和第三张照片中可以很清楚地看出她们俩性格和地位的转换。

现在，再来研究一下这张全家福里的其他人。妈妈温迪很开心地直视镜头，嘴角上扬的露齿笑很灿烂。她的眉毛稍向上挑起，好像在好奇摄影师还需要多久才能拍好照片。爸爸埃里克和温迪不同，没有看着镜头，而是目光稍稍低垂，这个比较顺从的眼神表明他是一位相对腼腆内敛、不爱较劲的男人。但是，他的姿势直接开放、强劲有力，表情坚毅。他的沉着冷静和温迪的热情开朗正好互补。

一张照片透露的信息量之大也让照片中的主角始料不及。温迪说她和丈夫的确性格相反，她很喜欢拍照，而丈夫总躲着镜头；她信奉是可忍孰不可忍，该理论就理论，该吵架就吵架，但是埃里克情愿主动走开，息事宁人。不过，话说回来，一家之主仍旧是埃里克，温迪说："到了拿主意的时候，还得是他。"

3个更小一点儿的孩子和爸爸妈妈坐在一起。4岁的小克丽喜欢肢体接触产生的安全感，她依偎在妈妈怀里，手放在自己的腿上，而妈妈一只手搂着她的肩膀，另一只手搭在她的膝盖上。即使已经长成十几岁的大姑娘，克丽现在还是喜欢被妈妈抱着。

8岁的托妮抱着家里的猫，好像对照相不怎么感兴趣，而是很好奇爸爸怀里的小弟弟在干什么。她和爸爸是照片中仅有的不看镜头的两个人，只不过爸爸是故意的，而托妮恰巧在那一刻扭开了头。从其他照片可以看出，这个小姑娘要比其他姐妹更严肃老成。温迪说这些照片如实地反映了托妮的性格，她非常聪明善谈，在两岁之前就能和妈妈聊个不停。不过，从这些照片中，我们可以看到，托妮那个时候和姐姐妹妹们没有那么亲密无间。卡萝和两个双胞胎形成了一个自己的小圈子，小克丽显然和妈妈最亲，托妮却自己抱着猫咪玩。

最小的家庭成员是才10个月大的小布拉德，他在爸爸怀里扭来扭去，似乎想努力挣脱爸爸回去继续玩。我们可以感觉到这是个身体强壮、精力旺盛、停不下来的宝宝，绝对会让大人耗费很多精力。

## 家庭照片分析技巧

如果你是拿着自己家里的照片来练习，建议你尽量客观，可以参考一下第二章里讲到的观察宝宝无声语言时需要的那种克制。只有这样，我们才能更冷静理智地注意到微小的细节，平心静气地分析。

如果照片中都是陌生人，不要一拿到照片就评头论足，首先问些问题，搞清楚照片中人物的关系。这些线索会引导你的视线和思维。不过注意避免问及人物的性格，他们的回答会先入为主，影响你自己的分析和判断。

第一步，先体会照片的心理温度。这个时候还不需要去研究那些表情、动作、距离，只需要感受照片整体给你的印象是热烈、温馨，还是冰冷。

接下来问问自己，这张照片的拍摄目的是什么，是家庭聚会的随意留影，还是精心布置的艺术写真？是把私人的活动拍摄下来留个纪念，还是为了给别人看的隆重仪式？一位父亲曾经给我看过一些他自己给两个儿子“拍着玩”的照片。照片上是整齐的精心摆放的玩具，两个孩子在中间骑着崭新锃亮的脚踏车，表情却一点儿都不快乐。爸爸说了实话：“拍照前我一件一件地把玩具摆好，平时都是乱七八糟。”

显然，爸爸拍照片的目的是炫耀自己给孩子花了多少钱，买了多少玩具，这些照片不像是家庭记录，更像是百货商店里的儿童专柜，竭尽全力展示所有高级玩具的广告片。诸如此类的细节不仅可以说明镜头前人物的性格和状态，也会让你对镜头后面那个拍照片的人了解一二。

下一步，看看每个人的面部神态，注意看他们的视线望向哪里。如果他们没有看着镜头，是目光故意躲闪，还是正巧转移了注意力而已？一般向左或向右看向镜头之外时，都是因为有其他东西吸引了他们的目光。而目光向下往往是在刻意回避镜头，说明内心的惶惑不安或低眉顺眼。不过，同样重要的是，任何信号都必须结合其他姿势和表情解读，才不会对别人的性格得出错误的分析结论。

仔细研究一下人物的表情，记住，嘴角的上扬并不意味着真诚开怀的笑容。注意一下他们的身体姿势和彼此的距离，是向对方倾斜，亲密地站在一起，还是彼此保持着必要的距离？大家的面部表情是非常放松，还是紧绷着？是神采飞扬，还是无聊透顶？这些问题有了确切的答案后，再继续想想这些表情是他们性格的表现，还是摄影师指挥要求的结果。如果大家的身体互相接触，看看他们胳膊的位置和方向，是搂着对方的肩膀还是互相挽着手？手是放松地张开，还是紧张地握拳？

提醒自己注意看看有没有我们在第六章里提到过的那些表达紧张局促的信号，比如吮吸手指、抓捏自己的身体部位或拽衣角等。这些信号都透露出人物的烦躁不安。

一定要避免妄下结论，让自己的态度影响了客观的分析，要基于照

仔细看看这 3 张照片，运用你学到的无声密语的知识来分析一下两个孩子的性格和关系。认为哪个孩子更积极？他们给对方发出了什么信号？哪个孩子更强势一些？

片提供的信息得出最后的结论，不要把自以为是的猜想强加给照片中的人物。

将照片中的固定影像作为研究肢体语言的主要工具时，态度一定要谦逊谨慎，因为肢体语言的完整信息是通过眼神、动作、姿态、彼此距离的系列组合和不断变化完成的，而不是这个过程中被固定下来的瞬间片段。某一个特定的信号或动作只有在一段时间内不断重复出现在照片中，才能由此大致确定人物的性格特征或彼此的亲疏关系。

最后一点是，在分享结论时，请注意语气婉转。说者无心，听者有意，即便是客观公正的结论也可能让对方毫无必要地难过伤心。就像之前讲过的，把“烦躁”或“胆小”的帽子扣在宝宝头上，很可能让孩子终生无法摆脱这种束缚的恶性循环。

一开始对着照片练习时如果什么名堂都看不出来，也不要气馁。有些照片看上去平淡无奇，但是深入挖掘一些无声语言的细节，还是能够发现其中暗藏的真相。多找一些照片来练习，功夫不会白费。重要的是，要记住这些照片只是冰山一角，更完整的全貌需要你潜入水下去发现。

# 第十章　爱学习的家长才是好家长

学会了宝宝的无声密语，才能明白那些宝宝无法亲口告诉你的秘密。通过这门语言，你才能够看到他们的快乐、困惑、痛苦、恐惧、沮丧，以及所有这一切的根源，尽早明白他们感受的压力和紧张，及时有效地伸出理解、支持和引导的援手。同时，这门语言也帮助父母们更准确丰富地表达自己的爱意、同情和安抚，可谓此时无声胜有声。

最后的一章，最多的笔墨会留给爸爸妈妈，我们应该如何及时有效地在 3 种主要的反应方面帮助宝宝，这 3 种反应是：进攻（Aggression）、焦躁（Anxiety）、从属关系（Affiliation）。

## 生活中的三个 A

无声语言可以帮助我们把 5 岁以下宝宝之间的关系看得更清楚，也可以帮助我们更精准地理解那些还无法用言语来表达情绪的宝宝的心理状态。虽然无法直接预示宝宝可以怎样更好地适应社会，却可以辅助父母对宝宝的生活状态产生更深入的思考，从而在宝宝们感到冲突、沮丧、不安或犹疑时更及时有效地应对。掌握了这门语言，爸爸妈妈不需要一头雾水地猜谜语，或盲目套用其他人的方法。而是可以持续地观察宝宝的行为表现，注意到细微的变化，然后更负责地决定成年人的介入是在帮忙还是捣乱。

## 宝宝爱动手，家长这么办

我们先来看看那些爱动手的宝宝，这是最经常也最容易引起成年人不假思索做出反应的行为。看到 5 岁以下的宝宝们起了争端，很少有人能无动于衷地稳坐旁观。我们或者会直接拉开宝宝，而且往往会站在貌似弱者的一边，实在不能亲自介入时也会摇头叹气，认定其中一个是动不动就爱欺负人的小霸王。我们总倾向于给孩子贴标签，不是“小霸王”，就是“受气包”。

这种对于 5 岁以下宝宝之间争端的应对办法往往在很大程度上反映出我们自己的下意识反应。有些人在感受到威胁时的第一反应是二话不说主动出击，无论是动嘴还是动手。他们会在看到任何相反的意见态度时就草木皆兵地先发制人，这种人在看到 5 岁以下宝宝动起手来时往往无动于衷，他们的态度是：“让他们自己打出个结果来，孩子迟早要学会保护自己。”他们或许并不会站在欺负人的一方，但也绝对不会同情弱者，因为在他们眼里，这些孩子属于“没骨气”“爱哭哭啼啼”的受气包。许多时候，持这种态度的男性居多，大部分是做了父亲的人，当然一部分女性也是这样。

另一种极端是，有些成年人会在稍有风吹草动的第一时间出手制止，即使这些小动作显然不会升级成惊心动魄的打斗。这类人无法忍受任何形式的攻击，一丁点儿冲突都会让他们心神不定，他们甚至可以被称为

“欺负恐惧症”。

这两种极端反应都能够在稍微调整后变得更加灵活有效。具有侵略性的成人可以学习如何变得立场坚定，在不侵犯他人权利的同时维护自身权益，而不需要动辄诉诸武力。同时，“欺负恐惧症”患者可以练习控制内心的不安，逐渐学会沉着冷静地应对敌对情绪或冲突局势。这些行为心理学的训练针对以上两种人的反应非常有用。

成年人对小朋友之间的冲突做何反应，基本上也取决于你对侵略行为的下意识反应。如果你自己在敌意威胁面前反应激烈，显然也无法在旁观他人的冲突时保持冷静。但是，通过深入了解宝宝之间的冲突或肢体动作，一旦明白这些行为的本质，就可以多多少少安下心来，让自己多一点旁观角度。这种旁观的能力也是我们之前学习如何细致准确地观察宝宝时必需的态度。

运用你已经掌握的无声密语的知识对这些具有侵略性的行为进行冷静的分析，要记住小朋友的进攻行为和成人的“侵略行为”或“暴力行为”的本质完全不同。

5 岁以下宝宝的进攻性或破坏性行为很大部分源自他们的好奇心。两岁的小宝宝把书撕成纸片，把玩具敲得四分五裂，或者把娃娃扯成一堆破布，都只是在满足自己对于这个世界无穷的兴趣。这种行为其实应当得到鼓励，因为他们只有通过不断地实验，不断地经历自己行为的后果，才能在生活中真正成长。面对孩子的这种明显的进攻行为，父母需要努力去鼓励他们的好奇心，而不是扼杀，与此同时可以细心谨慎地引导孩子通过更具建设性的方法来满足探索和学习的需求。榜样的力量非常巨大，宝宝会通过观察爸爸妈妈的行为来学习规范自己的行为。如果家长视财物如粪土，孩子往往也会对于物质的价值不屑一顾。如果成长环境相当单调无趣，无法满足宝宝的探索欲，他们往往会转而拿手头的任何东西进行具有破坏性的实验。家长和其他大一点儿的孩子无疑是重要的榜样。此时，宝宝的破坏性行为往往是在发泄因刺激不足导致的沮丧和挫折。妈妈整天待在家里也会成为这种无聊的原因，她会不断嘟囔着抱怨宝宝把玩具摊得到处都是，把整齐的客厅又弄得一团糟，然后立即拾掇得井井有条，这种环境下宝宝能够获得的刺激显然很有限。这种家长往往把宝宝的某些行为称作“无端的破坏”，她们看不清、想不到、甚至不愿相信自己才是问题所在。当宝宝缺乏完成某项智力或体力任务需要的技能时，也会表现出类似的源自挫折感的破坏性行为。3 岁的宝宝在搭积木，但是房子不停地倒塌，宝宝会突然恼怒起来，把积木扔得到处都是。父母常常会用“暴躁”“暴力”或是“破坏性”等词汇来描述这些行为，但是这么说，对于从根本上解决宝宝狂躁的问题无济于事。相反，本意没有丝毫进攻性的宝宝实在冤枉得很。

无论是上面哪种情形，不管宝宝是独自玩耍还是和小伙伴一起冲着手头的玩具发火，宝宝发出的无声密语信号都可以让我们清晰地看到他们的情绪和想法。一定注意观察那些意味着内心挣扎、沮丧、挫折感或焦躁的肢体语言，谨慎考虑一下这些不安情绪的源头，然后再决定做什么、怎么做。如果导致这些行为的原因是宝宝的好奇心或缺乏刺激带来的挫折感，父母需要做的是改善环境，让它变得更好玩、更有挑战。但是，还有一种可能是，宝宝面对的挑战太大，任务太艰巨，自己无法完成，所以沮丧恼怒。应对这种情况的办法是给宝宝重新找一些容易点的游戏。同时，重要的是，父母需要注意一下自己或其他大人无形中的示范，而不是动不动就先责备宝宝，甚至武断偷懒地说宝宝“有问题”“不灵活”，甚至“生来霸道”。这些标签即便看上去貌似科学，对于事情的解决于事无补。大部分时候，这些标签不过是成年人用来掩饰自己看不清事实或者没有恰当解决方案的懒惰借口而已。

无论动机是什么，5 岁以下的孩子之间难免发生小冲突，这是事实。他们比年纪稍微大一点儿的孩子更容易也更经常拌嘴，然后互不相让地打斗起来。

亚瑟 · 杰西德（Arthur Jersild）和马基（F. V. Markey）在 1935 年观察了一些美国的小宝宝后发现，这些小宝宝每隔 5 分钟就会起摩擦。20 年后，其他研究人员针对澳大利亚 2 ~ 4 岁的小宝宝做了类似的观察研究，他们发现这些宝宝每隔 6 分钟就有冲突。在两次研究中，所有的这些“摩擦”或“冲突”都非常短暂，平均持续不到 30 秒钟。我近年来对欧洲和美国的宝宝也做过同样的观察，看到的摩擦频率和持续时间没有什么不同。有些人会害怕弱小的孩子总是被欺负，成年人的介入在所难免。这种情况会发生，但是远没有大家想象的那么频繁，因为最弱的那些孩子其实反而很少会卷入真正的争端中。他们往往独来独往、形单影只，躲开任何可能演变成冲突的社交接触。他们把自己远远地孤立于所有的圈子之外来最大限度地降低风险。更何况，他们也总能得到那些强势孩子的庇护。

当强势进攻型的孩子彼此之间或者和强势领袖型的孩子产生冲突时，发生针锋相对的攻击性打斗的可能性更大。强势进攻型的孩子也会去无端对弱势胆怯型的孩子发出挑衅，其他被动型的孩子（弱势暴躁型）也会欺负弱势胆怯型的宝宝。强势领袖型的孩子也会在彼此之间或者与其他类型的孩子打架，但是他们示好讲和的时候远远多于冲突的时候。

多接触观察不同类型的孩子，爸爸妈妈的态度就会更理智客观一些。

即使当自己身处争端之中会焦虑不安的成年人，偶尔也会很快学会对5岁以下宝宝们的不和冷静旁观。部分原因是，他们明白这个年龄段的孩子之间的打斗没有多少真枪实弹，更多的时候，受伤的只是其中一个宝宝的自尊。而如果打斗真的升级到其中一方受伤的情况，更多的原因是运气问题：比如，其中一个宝宝挥手时恰好举着一根木棒，或者推搡时握着的玩具不巧边缘锋利，或者其中一个被推倒时头不巧撞到了硬物。

这种时候，出手用力的一方往往和受伤的一方一样紧张害怕。因为不管是谁，都没有想要闹得不可收拾。而成年人看到有人疼痛难忍甚至鲜血淋漓，很容易怒火中烧，把自己的焦躁情绪不问青红皂白一股脑发泄到肇事者身上。建议爸爸妈妈们尽量避免这种反应。批评教训诚然很有必要，但是恐吓责骂已然惊恐万分的宝宝实在反应过度，只能让事态愈发糟糕。

尽量尝试用学到的无声密语先分析冲突的起因和性质，回放一下事情最初是如何发生又是如何发酵的。首先回忆一下，是谁先动手，有怎样的动作，也就是哪个宝宝先进攻对方的，谁先去伸手抢夺对方的玩具，谁插了队把别人挤走的，等等。再回想一下对方或周围被波及的其他宝宝的反应，他们是四散躲开，还是毫不忍让，迅速升级成武力冲突？

明白到底发生了什么事以及如何发生的之后，再来决定是否有必要采取措施，原则是以帮助宝宝学会并掌握比直面冲突更加恰当有效的社交技能。也就是说，我们要循序渐进地引导具有进攻性的宝宝学会示好讲和的技能，学会运用友善的领导技能来获得并维护自己的地位，而不是只懂得动手。而那些面对别人欺负时无法不卑不亢地坚持立场的孩子，也可以在爸爸妈妈的协助下，学会逐渐不轻易低头屈服。

我们必须全面细致地研究孩子的生活方式，再做出相应的调整，无论是消除他们压力的根源，还是增加安全感。遗憾的是，比起哄劝一方，惩处另一方那些“快速”解决争端的手段，这一系列的研究和思考复杂得多。尼基是个 4 岁的小男孩，精力充沛、活泼好动，他爸爸告诉我如何来管教儿子：“每次尼基和小朋友打架，我们都会把他拉到卫生间，拿梳子把好好敲他一顿。可是奇怪了，他好像压根儿没长记性，转眼出去又犯了。”

如果真是因为父母体罚尼基就不再打架，那才奇怪。挨打的孩子记在心上的，恰恰是武力是一种可接受的行为方式。

面对所谓“爱欺负人”的宝宝，建议爸爸妈妈们采取以下步骤。首先，我们需要把这些形容词重新准确分配一下。只有通过长时间系统地仔细观察和记录，才能明白宝宝本性是否如此。一周或 10 天之后再回头看这些记录，回顾一下你当时认作进攻性或欺负人的动作，想想当时的情境。然后，你就会把那些因为好奇或者沮丧导致的破坏性动作筛选出去，注意宝宝在与小伙伴一起玩耍时的行为。如果宝宝的确主动发起冲突，表现得专横爱欺负人，爸爸妈妈就需要仔细研究，并记录每一次冲突的发生，诸如时间、地点等信息的记录越详细越好。一段时间以后，这些数据将像一把钥匙，让父母窥见宝宝发起争端背后的原因。

心理学家针对环境对人类行为的影响开展了大量研究，他们把这种影响称为“刺激控制”，城市里开车的人是刺激控制的典型例子。他们不开车的时候彬彬有礼，可一旦坐到驾驶座上，立刻变得凶巴巴、急吼吼，对其他车辆满不在乎。

刺激控制对于宝宝的行为影响巨大。举例来说，如果身边有一个年龄稍大的孩子，宝宝想让这个孩子对自己刮目相看，因此会变得更具攻击性。而且，宝宝在自己家和其他小朋友玩耍时也要比在其他地方更好强，因为这是他的安乐窝，熟悉的环境带来更强的安全感。另一方面，转幼儿园，进入陌生的环境，或者在气场更强大的成年人面前，宝宝进攻的气势会降低很多。

强势领袖型的孩子在新的玩伴面前，或是结交一些新朋友时，会变得咄咄逼人。究其原因，很可能是之前相当奏效的示好讲和的态度和行为不再有用，他们需要重新发展战术，或者可能是孩子认为除非自己在新的圈子里赢得一席之地，否则和颜悦色还为时过早。

我听说过一个在许多很难缠的学校打遍天下无敌手的老师。刚开始当老师的时候，面对那些不听话的学生，他完全束手无策，每堂课都上得狼狈不堪。然后，他换了战术。每次进入一个新班，都挑两三个长得最高、名声最臭的男孩，二话不说先把他们狠狠收拾一通。

这并不是说我赞同这位老师的做法，而正是因为他的办法和小宝宝进入新的圈子时采取的策略如出一辙。擒贼先擒王，宝宝们会挑最厉害的那个主动挑衅，自然就把自己的地位提高到对方的级别。他们希望通过先发制人挑起事端的办法迅速在这个新圈子里提升自己的地位。一旦地位稳固下来，他们又会做回以往友善平和的自己。

这种策略本身有两种风险。第一种是新的圈子可能完全不在乎他的先发制人，因此任何争斗都会迅速升级。就像电影里的西部牛仔一样，圈子的霸主必须时刻警惕，否则随时都有新人虎视眈眈想要取代自己。第二种风险是一旦失策，全盘皆输。万一挑战不成功反而自取其辱，哪怕败者一方不愿低头，都会让胜者威风扫地，不仅在自己班级的同学，甚至会在全校同学面前再也抬不起头来。那些爱欺负人的孩子碰到对手挑衅而一败涂地时也会发生同样的情况——颜面尽失。

记录这些冲突的细节时，一定把具体的日期时间记下来。蒙塔尼尔教授对激素水平的研究表明，内分泌激素的水平波动和进攻性行为的趋势一致。也许，通过这些记录你会发现孩子在周一、周二和周三时尤其暴躁，但是在一周的最后两天就变得温顺友善许多。那么，我们就应该专门花精力去研究一下宝宝在周末的活动来寻找线索。

只有拿到了准确的数据，而不是一厢情愿地自己猜测，我们才能从长计议，调整宝宝的生活方式，帮助他们减少攻击性，消除不必要的焦虑，加强自己的领导能力。

第一个需要回答的问题就是，宝宝是否从父母那里得到了足够的关爱。孩子总归是孩子，无论他们貌似多么自强能干，还是需要身边最亲近的成年人——尤其是自己的爸爸妈妈，给予大量的爱护和关照。只有通过经常不断的亲密接触，宝宝才会感受到父母的爱，才会肯定自己的价值，确信一切安全。父母从手机、电脑后面头也不抬地扔出一句："我当然爱你，宝贝！"远远无法提供宝宝所需的安抚。

当我们自己内心的感受很强烈时，会倾向于相信对方想当然地心灵感应到这些情感的电波。很多父母觉得："我没必要告诉他我爱他啊，我是他妈妈，他应该知道我爱他。"但是这种自以为是从来不起作用，无论孩子多大。对于儿童来说，爸爸妈妈的一举一动胜过千言万语，这种只存在于脑海里的自言自语他们永远听不到。

说回到对孩子争端的处理上，置之不理、任其发展是最好的应对。成年人需要观察宝宝们的互动，但是不到万不得已不要随便介入，因为这种不必要的介入会带来 3 种后果：打乱小朋友社交圈的社会框架、破坏宝宝自主建立的地位，而且对于冲突中的弱者来说也仅仅是暂时的庇护。从长远来看，这么做其实不利于弱势宝宝的自然成长，他们学不会如何不卑不亢地和别人相处，而是逐渐相信向成年人求助才是更安全可靠的办法。但是终究有一天，他们的身边可能没有任何成年人，到那时可怜的孩子就束手无策了。

## 宝宝总焦虑，家长这么办

现在再来讨论冲突另一头的那些宝宝，如何帮助他们变得底气足一些，不安少一些。

冲突中被欺负的宝宝并非最焦虑的孩子，相反，只会主动挑衅的宝宝，可能正是因为内心的焦虑和恐惧无法表达出来。还有那些孤僻型的孩子，按理说几乎从来不会卷入任何冲突，但他们的内心却永远焦虑不安。因此，引导他们应对焦虑的办法对其他 3 类更具领导地位的孩子来说毫无用处。孤僻的孩子总成为冲突或挑衅的目标，而且这些冲突挑衅也往往以他们的惨败收场。在这个时候，如果爸爸妈妈掌握了无声密语，就会对这些冲突的不同性质做出更准确的分析判断，从而对宝宝做出更有效的引导。这里的“引导”并不是说父母通过威逼利诱来胁迫宝宝改变。许多家长习惯动用奖励、责罚或者喋喋不休的怪罪等措施，除此之外就想不到其他办法，然而这些措施即便有效果也只有 3 分钟热度，更糟糕的是反而会造成比目前问题更加棘手的局面。

下面举一些最常见的例子。爸爸妈妈狡猾地说：“你不高兴，所以我也不高兴了。”他们哀求宝宝说：“去吧，去和其他小朋友玩！你看他们玩得多高兴啊！你要不去玩，妈妈就不高兴了，一点儿都不高兴。你不想让妈妈难受，对吧？”他们没有意识到这些话不亚于酷刑，让宝宝备受折磨，因为全世界对他而言最重要的人正在经受痛苦，而造成这一切的坏蛋正是自己。去和那些陌生人在一起让他恐惧万分，妈妈却非逼着他去，内心的焦虑让宝宝手足无措，结果可想而知，只能是升级的冲突、沮丧和紧张。

爸爸妈妈爱说的另一种话是赤裸裸的诱惑：“你是个大孩子了，去和他们玩吧，妈妈给你买个好吃的冰激凌。”妈妈的意图显而易见，想以此来鼓励孩子不再害怕，去和其他孩子玩。只要不滥用，这种做法原则上是可行的。遗憾的是，在具体的案例中，妈妈的做法作用不大。在各种场合做的研究都表明，任何意图鼓励某一特定行为的奖励——或者是行为心理学中所称的“积极强化理论”，必须要在这一特定行为发生之后立即实施才会奏效。片刻拖延都会让这个奖励和强化失去作用。不过，正确实施的奖励措施可以成为一种有意义的尝试。

我的经验是，奖励机制能够有效引导孤僻型的孩子向着其他小朋友迈出第一步。但在这个过程中，成年人有可能一不小心奖励和强化了孩子不恰当的行为，而并非我们期望的那些行为。这个错误极其容易发生，即使是那些特别谨慎的爸爸妈妈也可能注意不到。一般意义上的所谓“奖励或强化”往往是让人愉悦的东西，但是躲避不开心的事情同样可以变成非常有效的“强化因素”。宝宝初次进入一个陌生的环境或群体时往往就会发生这种情况，他会偷偷地躲在角落里，不想和其他孩子玩，这样他内心的焦虑会降到最低。也许他的心仍在扑通乱跳，也许他仍觉得口干舌燥，但至少这些症状会逐渐消失。宝宝把躲藏这个被动消极的动作转变成了给自己奖励的安全感，让恐惧紧张转变成了如释重负。这和恐惧症患者在躲开造成恐惧的源头时长吁一口气放松下来的感受是一样的。因此，这样的孩子更加相信逃避是让自己不再焦虑的最佳解决办法，下次再有类似的处境他们会继续藏起来。成年的恐惧症患者可能要逃避的是鸟、狗、蜘蛛、桥梁、开放空间、密闭空间等不一而足。而焦虑的宝宝想要逃避的则可能是其他小朋友、幼儿园的某间教室、某位老师、某种游戏，或者任何其他需要与人打交道的社交场合。随着时间的推移，这种恐惧焦虑或许并不会自行消失，反而会变得愈发严重，这些导致焦虑的环境将会越来越多，出现得也更加频繁。

宝宝可能会在不断的逃避中变得完全孤僻起来，除非爸爸妈妈能够引导他们逐渐学会融入集体去参加一些集体活动。

幸运的是，玩耍总是让人开心的，因此也是巨大的奖励活动或“强化因素”。因为玩耍既是奖励，也是爸爸妈妈期望鼓励的行为，这种强化就非常及时、有效。最难的是如何说服宝宝来迈出破冰的第一步。大部分宝宝可以做到这一点，只是时间问题，但对于生性孤僻的宝宝，这一步比登天还难。如果妈妈或其他同样亲密慈爱的成年人总是在旁边帮宝宝擦干泪水、张开安全的怀抱，宝宝可能会迟迟甚至永远都无法融入社会。以“强化理论”的视角来看，我们就更容易明白其中的来龙去脉：宝宝躲起来，哭喊着要求成年人的保护或安慰，成年人一旦同意，就相当于发出奖励，强化了宝宝类似的孤僻动作和求助行为。

在这种情况下，父母或老师需要做的是把抚慰和游戏活动融合在一起，在给宝宝擦干眼泪的同时，可以带着他去看大家都喜欢的游戏活动或者玩具。宝宝在大人的陪伴下玩耍，会更快忘记刚才的焦虑，与此同时，玩耍回馈的愉快成为积极的奖励，及时有效地强化了这个动作。这时，把宝宝介绍给另一位小朋友，让他们一起玩。让心怀恐惧的宝宝逐步进入新的群体，这种舒缓的办法也最有效。

被动领袖型、弱势暴躁型和弱势胆怯型的宝宝焦虑时，父母需要采取不同的应对措施。他们的问题不是不愿意参与大家的游戏，而是往往效果不佳。被动领袖型的宝宝最不需要担心，不出几个月他们自己就会发现待人友善、勤于律己的组合拳是获取领袖地位的最佳战术。只要宝宝没打架，成年人可以多加鼓励支持，引导他们进一步挖掘自己的领袖潜力。对于这些孩子来说，最有效的办法是以身作则。成年人绝对不能因为自己个头高力气大就抢夺宝宝的东西或者对他们颐指气使，一定要尊重他们的权利。如果父母想要从孩子那里拿走一件原本属于人家的东西，就得拿出示好求和的姿态来。而且对于5岁以下的宝宝，成年人对他们说好话远远不够，你需要运用学到的无声密语的肢体信号：露出自然的笑容，微微歪着头，降低身段让自己与宝宝的目光平视，然后向想要的东西缓缓伸出手去。这一系列的动作需要平缓自然，而不是僵硬地走台步。这样表示索求的动作对于宝宝来说再自然不过，多做几遍后，心底最初的那些别扭和不自然也就很快消失了。

而对于弱势暴躁型的宝宝，帮助他们克服焦虑，父母必须先从导致这种行为和态度最根本的两个麻烦入手。第一个麻烦是，他们目前的行为准则非常不适合日后的社交；第二个麻烦则是，他们自己挑起的事端，却没有足够的自信和勇气坚持到底，连暂时的胜利都尝不到。往往到最后，很可能以两败俱伤收场，就像之前提到的那位擒贼先擒王的学校老师，万一其中哪个孩子开始还手，双方都会输得很惨。

同样，要观察他们的行为，收集相关数据，把关键的时间、地点、身边的人物，以及事情的来龙去脉都记录下来。千万不要以为自己会记得一清二楚。如果他们的焦虑来自过于艰巨的挑战或者难以逾越的困难，那就去帮他们克服困难或者降低挑战。父母在家里是否给予了孩子足够的关爱？家里或幼儿园是不是有什么变动让他们的处境变得艰难？我曾经观察过一个原本是强势领袖型的宝宝因为哥哥离开家去上寄宿学校，变成了弱势暴躁型的孩子。我也见过一个原本是强势进攻型的孩子因为妈妈要去医院做个小手术而转变成了弱势暴躁型。在这两个案例中，家庭生活的节奏显然被打乱了，但是有些时候，日常生活中一些貌似极其微小的变化同样会产生巨大的影响。这些变化在成年人的眼里或许根本微不足道，比如最爱的玩具忽然找不到了；父母一方的工作有所调整，所以家里一日三餐的时间有所不同；或者某一位家长失业了，开始长时间待在家里。这些都是真实的案例，它们在我观察的一些宝宝身上产生了显著的影响。

任何可能重要的细节都不应忽视。有时候，爸爸妈妈需要为了孩子的成长调整一下生活环境和节奏，这些调整和改变应当尽可能谨慎。父母不应该说："因为这些事让你不开心了，我们就决定再也不做了。这样好了吧？高兴了吧？"这样的说法显然带着惩罚色彩，会成为新一轮压力和焦虑的源头。

极度焦虑几乎是弱势胆怯型宝宝的常态。孤僻型的宝宝至少会得到强势孩子的关照或庇护，但是弱势胆怯型的宝宝却必定是他们的出气筒，往往在莫名其妙的时候成为这些厉害孩子发泄无名之火的牺牲品。他们会把这些胆怯的宝宝手里的玩具一把夺去，或者把正在摆的积木一脚踢飞，或者把乖乖排队的宝宝一下推出去。任何厉害一点儿的小朋友都不会把胆怯型的宝宝放在眼里。所幸的是，随着年龄增长以及体格和力量的增强，大部分宝宝逐渐有了保护自己的能力。比如，两三岁的宝宝中弱势胆怯型的孩子更多，但在四五岁的孩子中就比较少见。

一旦有任何冲突，这些看似不幸的宝宝很容易得到成年人的庇护和支持。幼儿园的老师把哭哭啼啼的宝宝抱起来，叹息着："可怜的小东西。大家都欺负你，对不对？一点儿都不公平！"这些宝宝的语言能力都比较强，因此和成年人的关系更好。可惜，这并不利于他们的长远发展，因为孩子必须学会如何和同龄人相处。最终陪伴他们成长的将是其他同龄的孩子、同龄的青少年和同龄的成年人，他们的伙伴、同事和伴侣也将是同龄人。他们在兴趣、体格、心智、社会和性方面的发育更加接近，随着年龄增长，差距会逐渐减小。但是在孩子早期的成长过程中，以及在青少年阶段，学会与同龄人相处非常关键，否则等长大成人，他们将面临更大的困境。

无论成年人的本意多么善良，他们给这些胆怯被动的宝宝提供的安乐窝只能是暂时性的，无法真正满足他们长远的需求。所以，即使介入的欲望再强烈，成年人都应当鼓励孩子参与到集体活动中自己处理难题，而不是动不动就寻求成年人的帮助。最好的建议是想想孩子身处的环境，而非聚焦到某次事件；试着跳出来看看孩子面临问题的全貌，而不是头疼医头，脚痛医脚。试想一下，有个宝宝是家里的独生子，一家人也住得比较偏远，周围没有一个小伙伴，所以去幼儿园上学的第一天对他来说相当奇怪，甚至可怕。从来没有和其他同龄人接触过，他就不知道该如何跟他们打交道。由于缺乏任何进入集体并且赢得社会地位的社交机会，过不了多久，他就会变成幼儿园里那个总受人欺负，时刻心惊胆战的宝宝。

因为幼儿园的孩子比较多，各自的需求都比较复杂，时间也有限，所以与其改善幼儿园的情况，不如从自己家里的调整入手。带着宝宝去认识更多年龄相仿的小朋友，他会逐渐学到一套适合这个年龄的行为准则，为进入幼儿园那个更大、更热闹的集体做准备。说到这里，有些妈妈可能会说：“他当然会和其他小朋友玩了，这是天性使然啊！”

是的，人生来就是社会性的动物，这一点儿没错。我们从呱呱坠地那一刻起就有着与其他同类互动沟通的欲望和需求。但是，我们并没有与生俱来就能运用自如的社会交际能力。我们天生的行为不过是一些大致的倾向，仅此而已。实际的社交技能必须后天习得，而且越早越好。怎么交朋友，怎么说服或讨好他人，怎么坚持维护自己的意见权益，怎么解决纷争，等等，都是必须后天学习的。5岁以下的宝宝只能在实际的生活中和孩子真实的互动过程中学会并掌握这些错综复杂的技能。随着这些技能的逐步娴熟，他们也将从中尝到甜头，从而进一步巩固这套行之有效的行为准则。但是这些都要建立在第一步的基础上，无论这一步如何心惊胆战、犹犹豫豫，迟早都必须迈出。在儿童时期没有学会如何去交朋友的孩子会在以后的日子里更加孤单，随着年龄的增长，我们也许会学会自欺欺人，给自己的生活方式找合理的借口，甚至可以给极度孤独的自己冠冕堂皇地开脱，说什么一个人的时候才最开心。但这种说法不过是无用的托词，真实的情况是拒绝面对自己内心的孤独，自欺欺人地说其他人不值得自己花心思交往，或者曾经失败的感情关系给我们留下了难以愈合的伤疤。

在所有这些对孤独的粉饰背后，究其根源，是他们在5岁以前的幼儿时期从未成功习得如何交朋友的技能。

## 社交不顺利，家长这么办

结交朋友非常关键，这一技能由一整套适当的系统行为组成。幸运的是，再复杂难学，宝宝也可以很快尝到这些行为的甜头。也就是说，只要在最初阶段有足够的时机和正确的引导，这些行为就可以迅速给宝宝带来成功的喜悦和满足，并转变成固定的社交行为体系。

强势领袖型的宝宝发现待人和善、主动示好会给自己带来好处，可以吸引更情投意合的伙伴一起玩耍，说服其他小朋友分享玩具，加入别人正在进行的游戏，关键是，自己从来不需要动手。所以，成年人很喜欢这类孩子，会给予他们更多的关照，分配更多的责任，比如让他们承担给小朋友们发牛奶、分水果的任务，而这种责任反过来会进一步提高他们在孩子们中间的地位。

只要宝宝和小伙伴之间的关系保持融洽，成年人就不需要介入。但事态有时会有所转变，让宝宝不再自信，情绪变得暴躁，他们可能会觉得之前的和颜悦色不再有效，因此更经常动起手来。或者，他们在一段时间内变得异常焦虑不安，其他小朋友趁机占了上风，并开始欺负他们。

还有一种问题也可能由此产生，宝宝会变得过于自信、自满，这一问题对孩子的影响更加深远。

在第一种情况下，成年人应该冷静对待这种突然加强的进攻性。虽然很多人会被一直以来相当乖巧的“小乖乖”突如其来的厉害吓一大跳，但即便是适应性最强的孩子行为偶尔也会有些波动。也许他们的家庭正经历一些麻烦，或是自己的小伙伴圈子有些变化，抑或是最近身体有些小毛病等，这些都会让宝宝的态度在一段时间里有所不同。重要的是，不要让这些变化的持续时间过长，哪怕多一分钟都不行。这时，无声密语就能够发挥巨大的作用，帮助父母准确地解读宝宝的肢体动作、互动情况，跟踪记录周围小朋友的反应。如果宝宝的暴躁程度持续加强，可以试着看看具体原因有哪些，很有可能是生活环境或节奏的变化导致了宝宝行为的变化。我曾经观察过一个原来是强势领袖型的孩子，他的妈妈又怀上了小宝宝，从妈妈怀孕的第 5 个月一直到小宝宝降临后的 3 个月，这个孩子变得非常暴躁。后来，也许妈妈又开始给他一些关照，生活重新规律下来，孩子也又恢复了领袖型的行为。

成年人总是喜欢孩子们能大方地分享自己的玩具，能安静地在角落里玩耍不给大人添麻烦，所以强势领袖型的宝宝总是能得到青睐。特别需要注意的是，不要过于明显地赞不绝口。我见过一些幼儿园老师对于这类乖巧孩子的溢美之词，她们会把这些宝宝树立成榜样，说："看看小萨莉，她多听话啊！你怎么就不能像她那样呢？"

姑且先不论这种说法对其他小朋友造成的影响，小萨莉自己在听到这些赞美之后很可能会觉得自己完美无缺，永远不会犯错。如果她真是天使般地乖巧，大人会给她更多的鼓励，即使偶有出格也会忽略甚至默许她的小毛病。其他宝宝会很快敏锐地觉察到大人的这种不公平对待，并将萨莉视作一切不公平的源头，开始疏远她。显然，成年人的原意再好，因为他们不恰当的表达，原本广受拥戴的行为举止却导致小萨莉失去了小朋友们的喜爱。

即使其他小伙伴不会嫉妒，成年人过度的赞美仍然可能让宝宝产生不现实的自我印象。他也许会觉得自己比其他宝宝都强，因此得到优待合情合理。在幼儿园持有这个态度的4岁宝宝再过一两年开始上小学时，会突然沮丧地发现，原来这一切都是假象。之前自己是班里的老大，是老师眼里的小天使，享有特殊待遇，而现在老师对每个同学都一视同仁。

在这个年龄，几乎所有从幼儿园进入小学的孩子都需要经历好几轮艰难但必要的调整。他们在学校待的时间更久，课堂内容更一板一眼，气氛也更加严肃，纪律更严格。在这些必须应对的挑战之上，加上自我认同的变化，有些宝宝会应付不来。他们的信心飞快地消失，取而代之的是谨慎小心和犹疑不决。宝宝变得更胆小紧张，可能开始不愿去上学、大发脾气，甚至生起病来。

父母老师等成年人永远都不应该把宝宝树立成高高的典范，正面的示范也需要非常具体的针对某一方面的夸奖，比如："看看小汤姆拿着画笔的样子，我们都来学学，画画就变得更容易、更好玩了。"这样具体的夸奖不会有任何不良的后果。可是，有时候成年人不由自主地画蛇添足："小汤姆画得真好，他多聪明啊！你们不想像小汤姆一样吗？"

这样的赞美绝对适得其反，不仅不会鼓励或帮助小朋友，反而会让受到夸奖的孩子毫无防备地变成众矢之的。

## 父母的态度至关重要

我经常给一些年轻的爸爸妈妈们做关于无声密语的讲座，同时观察大家在讲座过程中以及之后的反应。有些人比较欣赏认同，还有一些家长的反应或者怒气冲冲，或者忧心忡忡。

先来说怒气冲冲的家长，他们从来不会隐藏自己的态度和意见："你是谁，来教我怎么抚养自己的孩子！讲了一堆心理学的废话，一点儿用都没有！我妈把我们兄弟姐妹带大，个个健康开心。没人帮忙，更没人指点，她靠的是当妈的本能和鸡毛掸子！"

我能理解为什么有些家长会这么想，但是想到人类在过去几十年里，好不容易在理解儿童身心发育方面取得的切实进步，我就会觉得这种态度实在悲哀。对所有儿童心理学家取得的研究发现不屑一顾，甚至当作无稽之谈，无异于在重要且丰富的知识金矿面前，砰地关上了大门。

当然，我们并非掌握了关于儿童行为和心理的一切知识，在一些儿童发展的关键领域我们甚至还不知从何入手！我也不是说传统的养育办法就必定一无是处，但是现代社会对养育孩子提出了新的挑战，当下也正是父母们培养健康、快乐、适应社会的宝宝的最佳时机。而实现这一目标，爸爸妈妈需要热爱学习，善于观察，勇于尝试，而不仅是偷懒般地依循自己儿时的经历。

硬币的另一面，是父母们对养育宝宝过度的紧张不安。他们不是不愿尝试新方法，而是想对所有新出现的理论都尝试一遍，生怕自己在某一方面做得不够或者做错。他们沮丧地低着头说："我犯了那么多错误。宝宝一定会长成一个狂躁（狡猾、恶毒、冷酷）的人，一切都是我的错。"

不假思索地拒绝新理念不亚于拒绝帮助孩子成长的最佳机会，而如果爸爸妈妈紧张兮兮，不断担心自己"做对了没有"，也会被蒙蔽双眼，无法看清宝宝的真实需求，做出恰当的回应和互动。

美国著名的儿科医生本杰明·斯波克在著作《斯波克育儿经》一书中给父母们提出了无出其右的建议："相信自己。不要被专家天花乱坠的专业词汇迷惑。不要害怕相信自己的本能。"

父母的这种紧张在某种程度上来自对无声密语抱有的神秘感。许多父母突然意识到，其实理解宝宝并和他们互动的无声密语一直以来都存在，他们立刻开始自责，觉得自己之前太粗心大意，后悔没有更早地掌握这门语言。但真实的情况是，他们一直以来也都在使用着无声密语，只是自己没有意识到而已。

从每天一睁眼开始，我们就已经在不停地发送、接收并解读着无数的肢体语言信号，既流利又精准。我们说话时，如果一动不动，没有任何的肢体语言，那么口头语言的交流也会变得枯燥、模糊、难懂。在莫里哀的著名戏剧《贵人迷》中，主人公汝尔丹先生是个专心攀高枝一心挤进上流社会的资本家。他不学无术，却又喜欢附庸风雅，当别人告诉他贵族说话都像"散文"一样优雅时，他欣喜若狂："老天爷啊！原来我说了40多年的‘散文’，自己都不知道！”

其实肢体语言也是一样。每个人都在不停地使用这门语言，我们也都看着其他人不停地使用，但是直到有人说这是一门科学，大家才开始注意这些动作是什么意思。

仅仅是知道尚未学会说话的宝宝能够直接用肢体沟通，还不足以让爸爸妈妈更清楚地理解自己的宝宝，和宝宝互动，引导他们更好地成长。但是，这是关键的第一步。

有些父母来问我，他们之前对于无声语言丝毫不了解，是否已经对宝宝造成了伤害。我的回答一般是：不可能。这个问题或许说明爸爸妈妈真的很缺乏自信，但更关键的是说明他们对宝宝成长发育的高度关心和参与。有爱，而且能够公开地表达这种爱，永远都是最坚实的基础。除了无知，真正对宝宝伤害最大的，是无所谓和不重视，漠不关心的家长已经闭上了自己的双眼，根本不想也不会看到宝宝的无声密语。

## 无声密语的学以致用

或许你会认为我洋洋洒洒说了这么多，都是很有意思，但不见得实用的东西。从理论上来说，仔细地观察和记录宝宝的表现，解读他们的生活状态，然后根据这些记录和解读调整环境，都是可以听取的建议。但是生活那么琐碎繁忙，怎么可能再加这些任务进去呢？家务和工作已经让父母们忙得脚不沾地，在这么高强度的压力下，这么紧张的节奏里面要塞一件事都貌似不可能。

世上无难事，只怕有心人。如果有心，一切就有可能。看懂宝宝的无声密语并用它来和5岁以下的宝宝准确交流，父母能够更加积极地引导宝宝的心智成长。就像吹灭一根火柴要比吹熄一堆篝火容易得多一样，如果爸爸妈妈能更早地注意到宝宝的焦虑不安或紧张害怕，就可以在第一时间调整外部环境，帮助宝宝更舒心地长大。

越来越多的证据表明，宝宝生命最初的 6 个月是体能、社会性和心智发育最关键的时间段。在这个阶段，爸爸妈妈的忽视或冷漠将对孩子产生深远的影响，与此同时，这个阶段成长环境的丰富多彩会让宝宝比他的同龄人在各个方面更早起步。而如果在他们人生的前 5 年里，父母能够给他们提供惊喜不断、安全温暖的家庭环境，那么宝宝获得成功人生的可能性会更大。

要实现这些目标，父母们要做的，并不是在已经忙碌的生活和工作中再强塞进更多任务，而是重新调整事务大小的重要性，重新安排时间。

在这个关键的时间段，根据各项事务的重要性重新排列，也许就意味着要把家庭排在事业前面。或者，另一种调整的办法是需要你少做点家务活，多照顾点宝宝。大家当然都希望自己家里整洁干净、窗明几净，但是如果就此占用了可以用来照顾宝宝、观察引导他们的时间，这个代价太高了。

重新安排时间不过就是将你原本会花在宝宝身上的时间安排得更高效一些而已。大部分父母每星期至少会花好几个小时照看自己的宝宝，有时是出于好奇，有时是因为担心。仅仅将随意的照看提升到细致专注的观察，将一厢情愿的猜测转变成设身处地的精心解读，用笔记录也不过是一两分钟的事情，而关于宝宝生活环境的调整和改变同样可以成为爸爸妈妈交流的主要内容。

维多利亚时期的著名诗人丁尼生在他的长篇组诗《悼念集》（In Memoriam）中写道：

我这样梦着，但我是何人？——

一个孩子在黑夜里哭喊，

一个孩子在把光明呼唤，

没有语言，唯有哭声。

现在，我们至少知道这位诗人错了，孩子们完全可以不说一个字就表达许多，他们的语言也不仅仅是哭喊或泪水。再小的宝宝都能够胜任清晰、诚实而准确的沟通，向那些愿意听、愿意看的成年人述说内心最真实的秘密。

如果这门无声密语得到更多父母的理解和应用，我们不仅可以改变一些孩子的童年，更能够改善整个社会。我们伴随着宝宝长大，指导他们成人，这些信心十足、适应力强的年轻人给社会带来的，将是更蓬勃的朝气，而不是紧张焦虑，甚至充满戾气。和丁尼生一样，我也这样梦着，只是我的梦中，宝宝们不再无助哭泣。我相信我们怀揣着把宝宝们从哭泣中解救出来的钥匙，也拥有带领这个世界经历一场安静而精彩的革命的武器——宝宝们的无声密语。

# 附录　宝宝无声密语一二三

如果看到这里，你已经忘记了一些无声密语的具体信号，可以参考下面的列表快速温习一下。它们是无声密语中最常见的 50 种面部表情和肢体动作，按照发出信号的主要身体部位分类，并以字母排序。

但是，一定要记住，单独解读这些词语就过于片面，重要的不是它们单独的含义，而是一系列流畅动作组成的无声句子，以及当时的场景。

## 胳膊与双手

*敲击击打：*一周岁以下的宝宝会用快速的击打动作来表达他们的沮丧和愤怒。他们会伸展双臂，对着空气猛烈地快速扇动。蹒跚学步阶段的宝宝做出这个动作，说明他们内心害怕，心情烦躁。

如果一只胳膊向内收，手掌向外，指尖触碰着面部或头发，表明很强的防御心态。

如果手距离头部很远，那么这种击打的动作更具攻击性。请注意宝宝的视线，和对方的距离、体态及表情。左右为难的成年人会把这个动作弱化，变成对后脑勺的抚摸或抓挠（详见第六章）。

*手臂弯曲：*是威胁信号的组成部分，一般会伴随着紧握的拳头和前倾的上身，请注意视线方向以及嘴形。

*伸手指：*这个动作的含义会随着视线方向的不同而有所区别。如果宝宝先和妈妈对视后再快速望向所指的方向，他是在对周边环境提出疑问。宝宝做这个动作时可能一声不吭，身体僵直，表情警惕。这个信号往往是发给妈妈的，可以作为母子关系的佐证。

如果视线和手指的方向完全一致，宝宝很有可能想去这个方向。

*举起手臂：*宝宝有几种不同的举手动作和原因，具体的含义需要和其他的肢体语言配合起来才能决定，比如宝宝的体态、表情和视线方向。蹒跚学步的宝宝会把一只手或者双手都举起来保持平衡。他们走路比较自信，想要开始冲着妈妈或亲人跑过去时，或者互相追逐打闹的时候，也会再次伸出双臂来平衡。即使在学走路之前他们举起双臂，也还是在为平衡身体做准备。

但是，如果宝宝在一动不动的时候举起双臂，那么他们的内心应该有些冲突或者不确定。两岁以后的宝宝比较少做这个动作。往往，宝宝会举起双臂，很快回去找妈妈的怀抱了。

如果宝宝举起双臂并紧盯身边的成年人，他在要求或请求大人把他抱起来。宝宝一般会站在成人的面前，距离不会超过 60 厘米。如果成年人对这个信号不予理睬，宝宝会过去拍拍大人的腿或者直接抱上去。这个动作的意思不见得是宝宝累了，而很可能是需要安慰或者关爱。有时候，一些宝宝会在比较远的距离做出这个动作，但是近距离的效果更好。

*向外伸出双臂：*友好的宝宝会伸出双臂，给其他宝宝递玩具或礼物，或者发出合作示好的信号。他们会缓缓地做出这个动作，手掌向上或向外，伴随着笑容和目光接触。如果再辅助稍微歪着的头，这个示好求和的信号就更强烈（参考第五章）。

*手臂僵直：*身体两侧僵直的手臂表示宝宝紧张不安。这个时候的宝宝一般是刚刚打了败仗。宝宝在奔跑时一般不会做出这样的动作，这时的他们不是拖着脚，就是双腿同样笔直僵硬，缓步沉重地走着。

*双手乱摆：*双手快速的摆动往往是宝宝在完成一段冒险探索后兴奋地回到妈妈身边时做出的动作。

*十指紧扣：*相对弱势的宝宝会做出这个动作，告诉其他更强势的孩子自己没有任何敌意。如果双手不是紧紧交叉，而是像洗手一样来回搓，说明宝宝在给自己打气，内心其实相当不安。

*躲在手后：*宝宝会把双手举在眼前阻隔自己和别人的目光接触，如果不是在玩“藏猫猫”的游戏，那就说明宝宝有些害羞或者局促。自闭症的孩子不喜欢和别人有视线接触，所以经常会透过指缝去看别人。

*手指梳头：*把手指像梳子一样从发间或头顶掠过，一般来说，都是宝宝内心冲突或者紧张不安的表现。

*手指揉按：*用手指来揉捏按摩脸颊或身体表示焦虑或矛盾。

***用手自残：***紧张不安的宝宝用手去拽、按揉、掐拧自己的身体部位或者衣角，往往是希望借此安慰自己，给自己打气。

***吸吮手指：***一周岁以上的宝宝吮吸手指是紧张不安或者内心冲突的表现，具体的含义需要放在情境里来解读。一般来说，宝宝在做出吮吸大拇指或手指的动作后，很快就会转头去找妈妈（详见下文）。

***紧攥手指：***手指分开牢牢地攥着玩具不放，宝宝显然希望占有玩具。如果手指并拢，说明宝宝底气不足，不够自信将玩具占为己有。比如相对弱势的宝宝想要从相对强势的孩子手里夺过一件玩具时会用到这个手势。

***吮吸大拇指：***不到一周岁的宝宝吮吸大拇指只是天生的吮吸习惯。但是一岁以后，这个动作就变成了自我安慰的信号，说明宝宝有些紧张局促，或者内心挣扎。如果宝宝是在独自一人的时候做出这个动作，那么很快就会向着妈妈跑过去。过度疲倦的宝宝，即使已经上床，也会开始吮吸大拇指，在这种情况下，这个动作表明宝宝身体已经很疲惫，但显然不想去睡，还想继续玩。等宝宝长到 4 岁左右，这个动作就会消失，有时候会一直持续到宝宝六七岁。其实，焦虑的成年人也会做出类似的动作，他们会咬自己的关节或者拇指尖。

## 面部

***眼睛：***快速简短的目光对视是所有无声密语交流的重要词汇。宝宝

和不远处的妈妈飞快地对视一下，就相当于打了招呼，做了汇报，建立了母子联系。但是长时间的注视就会成为对抗中使用的威胁信号，宝宝们甚至通过对视来比赛，谁先退缩谁就输了。

向左看、向右看、向下看都可以中止对视。对视比赛时，宝宝视线向左右方转移说明都不认输。成年人一般会习惯性地向某一方向看去，具体方向可能和性格有关。向下看来结束对视是明确的认输信号，比较胆小或紧张的孩子不喜欢与人对视，经常会做出这个动作。

*眉毛：*飞速抬起眉毛（1/5 秒），是相互认识的人在见面时最便捷的打招呼方式，在成年人中更普遍，稍微大一点儿，四五岁的小朋友也会做出这个动作。这个动作有时候也用来表达好奇的提问或者咨询。

眉毛拧在一起向上挑，是怀疑或惊讶的表情。但是如果向下拧就表明在生气或是感觉痛苦，具体的含义需要和其他的肢体信号结合起来才能确定。

*眯眼：*我们在露上齿笑（详见下文）的时候，会眯起双眼，眼睛下面的小肌肉会皱起来，表明此时的愉悦发自内心。这些小肌肉不受我们的主观控制，很难假装，因此是暴露笑容真诚度的最佳信号。

## 身体

*触玩生殖器：*焦虑不安的小男孩会做出触摸玩弄自己生殖器或者裤裆部位的动作，这个动作的含义与性无关，更多的是一个自我安慰的动作，他们的面部表情往往心不在焉。小女孩不会做出这个动作，但是她

们会通过扯自己的裙角、衣服、手绢等来达到同样的转移焦躁情绪的目的。

*肢体：*紧张僵直的身体是最主要的攻击信号之一，但是这个动作也可以表达紧张忐忑的心情，同样，其具体含义需要根据实际的环境和其他动作来判断。宝宝如果将身体向前倾，就加强了这个动作的威胁性。成年人不注意的时候做出这个动作，会让宝宝受到惊吓。

## 头部

*梳头：*抚摸或者按捏头皮的动作就像在梳头，表示内心的焦虑和矛盾。

*歪头：*这是非常强烈的表示友好态度的动作，一般会伴随着热烈的笑容和直接的对视，有时上身也会跟着歪过来。不管是其他孩子还是成年人做出这个动作，宝宝都会做出非常积极的反应。即使没有对视，这个动作同样有效。翻译成大白话，基本就是“请求，拜托”的意思。

*低头：*低下头来，下巴抵住脖子是很强的威胁信号，宝宝可能会同时出现生气的表情、凶狠的盯视、紧握的拳头，而且上身向前倾，这个动作是不容置疑的愤怒攻击的前兆。但是，宝宝在不高兴又不甘心的时候也会躲开别人的视线，目光低垂缩回下巴。配合当时的环境以及其他肢体信号，这个动作的含义就非常明了了。

*向后仰：*宝宝玩到兴头上，脸部表情轻松快乐，无忧无虑，头向后仰。愤怒或者冷漠的时候，宝宝绝对不会把头向后仰的。

## 腿部

*双腿僵直：*紧张不安或是刚刚打了败仗的宝宝会做出这个动作，许多宝宝在刚进入一个新环境或面对陌生的集体时，眼皮低垂、双腿僵直，脚蹭着地极其不情愿地拖着走。

*跺脚：*宝宝通过这个动作来表达挫败的愤怒或者成功的喜悦，好斗的宝宝在打赢一场恶战后会等对手败下阵时大声地跺几下脚，或者他们会把跺脚和踢地的动作结合起来，把怒火发泄到无辜的路人甲身上。

## 嘴巴

嘴巴可以发出来的最强烈的无声密语信号就是笑容，和脸部其他肌肉、目光、姿势、彼此距离等因素配合起来，会有多种不同含义。具体细节请参考第四章。

*咧嘴笑：*嘴巴张开，嘴唇向后拉，露出上下两排牙齿，就是咧嘴笑。这个动作表达了高度的愉悦和开心，是强度最高的笑容。这时的嘴唇是紧绷的，不像互相嬉闹时的放松样子。

*抿嘴笑：*嘴唇向后拉，但是嘴唇紧紧抿着，并未张开，这个似笑非

笑的浅笑表达的是些许的尴尬。

*弯月笑：*双唇向后拉，嘴角上扬，嘴巴张开一点儿，就像一弯新月一样。宝宝们的弯月笑处于浅笑和打嗝笑之间。

*打嗝笑：*一般只有几天大的宝宝会在睡梦里或者犯困时出现这个浅浅的笑容。有一种说法是宝宝因为打嗝才做出这个表情，是微笑最初阶段的表现。宝宝一般在打嗝笑之间至少会有 5 分钟的间歇。

*露上齿笑：*只露出上面的一排牙齿，下面的牙齿还被嘴唇包裹着，这个笑容的意思是："我很友好。"请注意通过眼睛下面的细小皱褶来判断笑容的真诚度。

*露下齿笑：*下面一排牙齿露出的比上排的牙齿更多，表明威胁的信号，很可能伴随着凶狠的盯视和微微弯曲的双臂。

*浅笑：*唇角上扬，但是嘴巴并没有张开，只有一点儿上牙露出。

*O 形：*嘴唇向前凸，上下牙露出，带有很强威胁意味的信号，往往同时伴随着凶狠的注视和其他攻击性的肢体动作。

*嬉闹笑脸：*顾名思义，宝宝在无忧无虑地玩耍时，面部表情轻松快乐。宝宝的嘴巴张开，但是并没有露出牙齿。

*啃咬：*刚出生不久的宝宝会把一切新鲜事物先放到嘴巴里咬一咬，吮一吮，这是他们探索世界的重要途径。长大一点儿后，这就变成了带有攻击性的动作，但随着大人的批评很快就消失了。

*吸吮：*宝宝会把手指、下嘴唇、布娃娃、小手绢或者小毯子放到嘴里吸吮，这说明他们内心焦躁紧张，或者有些矛盾，这个动作有自我安慰的功效。

*动舌头：*小宝宝在跟着妈妈牙牙学语的时候会同时用到嘴唇和舌头，他们会模仿妈妈的嘴部动作，学习操控自己的发音器官，在张口说话之前进行关键的练习。

宝宝在表示怀疑或者犹豫时会把舌头塞到下嘴唇里面或者一侧的脸颊，比如正在思考接下来该玩什么的宝宝就会做出这个表情。

图书在版编目（C I P）数据

宝宝的语言 /（英）戴维·路易斯著 ；王晓军译
. -- 北京 ：北京联合出版公司，2018.10
ISBN 978-7-5596-2535-9

Ⅰ. ①宝… Ⅱ. ①戴… ②王… Ⅲ. ①婴幼儿－哺育
－基本知识 Ⅳ. ①TS976.31

中国版本图书馆CIP数据核字(2018)第212115号

著作权合同登记 图字：01-2018-1832号


宝宝的语言
作　　者：[英] 戴维·路易斯 著
王晓军 译
责任编辑：牛炜征
特邀编辑：侯明明
封面设计：李照祥
版式设计：博远文化

---

北京联合出版公司出版
（北京市西城区德外大街83号楼9层　100088）
新经典发行有限公司发行
电话 (010)68423599　邮箱 editor@readinglife.com
三河市三佳印刷装订有限公司印刷　新华书店经销
字数210千字　700毫米×990毫米　1/16　17印张
2018年10月第1版　2018年10月第1次印刷
ISBN 978-7-5596-2535-9
定价：49.80元

---